通量监测　区域治理

——近海污染监测的新模式

赵进平　关道明　著

U0195548

海洋出版社

2013 年 · 北京

图书在版编目（CIP）数据

通量监测　区域治理：近海污染监测的新模式/赵进平，关道明著. —北京：海洋出版社，2013.6
ISBN 978 - 7 - 5027 - 8582 - 6

Ⅰ. ①通…　Ⅱ. ①赵…　②关…　Ⅲ. ①近海 - 海洋污染监测 - 研究 - 中国　Ⅳ. ①X834

中国版本图书馆 CIP 数据核字（2013）第 117176 号

责任编辑：高　英
责任印制：赵麟苏

海洋出版社　出版发行

http://www.oceanpress.com.cn

北京市海淀区大慧寺路 8 号　邮编：100081
北京旺都印务有限公司印刷　　新华书店北京发行所经销
2013 年 6 月第 1 版　2013 年 6 月第 1 次印刷
开本：880 mm × 1230 mm　1/32　印张：7.25
字数：168 千字　定价：48.00 元
发行部：62132549　邮购部：68038093　总编室：62114335
海洋版图书印、装错误可随时退换

内 容 简 介

　　海水处于无休止运动状态，入海污染物可以长距离输送和大范围混合，因而海洋污染具有无法溯源的特点，难以治理。本书作者提出了通量观测、区域治理的新理念，在选定的近海区域两端布设浮标阵列，监测流出流入的物质通量，从而确定区域内排污的种类和排放量。有关部门可以据此查找排污主体，予以治理，达到净化海洋的目的。本书论述了通量监测的必要性、监测内容、可用的监测手段、通量监测理论、监测结果分析方法等，为实施通量监测进行了全面的科学论证、技术准备和工程前景规划。

　　本书涉及我国海洋环境保护的众多问题，通量监测为海洋环保提供了新思路，供我国环境保护部门决策参考，供海洋科学和环境保护的学者和研究生阅读。

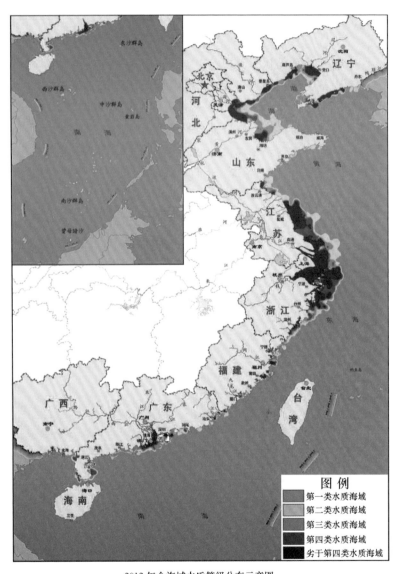

2012 年全海域水质等级分布示意图

图 例
第一类水质海域
第二类水质海域
第三类水质海域
第四类水质海域
劣于第四类水质海域

序　言

随着国家经济和社会的发展，海洋环境污染问题越来越突出，对沿海经济的潜在威胁越来越严重，社会各界对海洋环境保护也越来越重视。如果不能有效改善和保护海洋环境，一旦海洋污染超出可承受的范围，海洋环境和生态系统会受到严重影响，海洋污染最终将给海洋产业以毁灭性的打击，危害人类健康、食品安全和相应的经济与社会发展。

国家海洋局对正在恶化的海洋环境予以了高度重视，提出近期的工作重点目标之一是加强对海洋污染的监测与管理，改善海洋环境。国家海洋局在 2012 年的工作报告中提出：要以海域环境容量为基础，以改善海域环境质量、保证沿海社会经济可持续发展为目标，积极会同有关部门共同建立推进重点海域污染控制的工作机制，特别是探索建立陆海监测信息共享机制，建设污染控制信息系统和共享平台，切实做到陆海统筹、河海联动。鼓励和支持沿海省市选择本地区重点海域开展试点，研究制定并实施海洋环境容量和总量控制相关规划、标准，严格控制陆源污染物排放。

现有的海水水质监测和污染源监测是了解海洋水质变化和污染状况的重要手段，为海洋环境保护做出了长期的贡献。不足的是，水质监测无法确知排放到海洋中的污染物数量和排污者，不能提供执法的依据，因而难以有针对性的治理海洋污染。

海洋污染的治理不仅需要各级环保部门从管理角度严格控制陆源排污行为，而且要从海洋环境的整体上看待海洋污染，深入认识现有海洋污染管理的问题和不足，发展新的污染监测模式。本书中提出了"通量监测、区域治理"的新模式并建立了相应的理论，分析了通量监测的可能误差，论证了通量监测的可行性，有创新的科学理念和新颖的管理思路，是对海洋污染监测与治理工作的新探索。该模式以通量监测的形式对进出海区的污染物质通量进行长期连续监测，准实时地确定监测区域内各种污染物质的排放量。监测结果可以成为认定区域性排污的依据，可以作为区域海洋环境治理的重要数据来源。依据通量监测的结果，环保部门可以真正了解每个监测区内每种物质的排放量和区域排污总量，并借助监测结果追踪或排查排污企业，对排污行为进行控制。

实施通量监测的关键是拥有能够在海洋现场连续使用的仪器或传感器。本书的作者曾是国家863计划的专家，推动发展了针对各种生态与环境参数的现场、在线、原位监测手段，并为之付出了十年的努力。现在，我国已经拥有了一批可以用于通量监测的技术，通量监测终于可以从设想走向现实。

然而，通量监测的条件尚未全面成熟，需要设计适合通量监测的大浮标，建立浮标的自动进样与分析系统，大容量能量保障系统，大通量数据通信系统。尤其重要的是，要把我国现有的监测仪器和传感器进行改造和完善，使之适用于长期连续运行。要发展相应的技术手段，减小海洋腐蚀和生物附着对海洋仪器的影响。对通量监测要进行深入研究，制定各种海域条件下的通量监测算法，提高监测结果的分析精度。书中还提出，影响通量监测结果的因素有很多，包括：沉积过程、再悬浮过程、推移过程、离岸物质通量、海面大气物质沉降等。需要通过科学研究，深入了解这些过程对通量监测的影响，使通量监测的结果更加可靠。未来几年，我们将注重对通量监测、区域治理模式的研究、建设和示范应用，在条件成熟后进行推广，使对入海排污量的动态监测成为现实。

海洋环境保护任重道远，我们希望以本书的出版为契机，推动海洋科技工作者对海洋环境保护事业的重视和研究，为我国的海洋环境保护建言献策，和海洋环境管理部门一道，在国民经济快速发展的同时，推动海洋环境的保护，确保海洋产业的持续健康发展。

国家海洋局副局长 王飞

2013 年 3 月 25 日

前　言

　　我国是典型的海洋国家，有 1.8 万多千米的海岸线，有 60% 的人口居住在沿海省份，海洋便捷的运输业促进了沿海和毗邻内陆的经济发展。海洋产业在国民经济中所占的比重越来越高，沿海的养殖业已经取代捕捞业成为近海的主要渔业产业，品种众多的养殖海产品为国民的生活带来了大量的蛋白质。此外，滨海旅游业为国民创造了良好的度假休闲条件，也是我国正在发展的新型产业。

　　然而，海洋污染像一个巨大的阴影笼罩在我们面前，不断恶化的海洋环境让人们的神经处于绷紧状态，一旦哪个地方发生重大海洋污染事件就会引起公众对食品安全的关注。

　　国家为了治理海洋污染所做的努力是值得称道的，一方面通过环保立法和执法，对向海排污进行了严格的管理，力图有力扼制海洋污染源，保障海洋环境质量。另一方面，加强对海洋环境的监测，动态监测海洋水质状况，为海洋养殖业、滨海旅游业等提供数据和预警。突发性污染事件更是海洋监测和管理部门的工作重点，海洋环保部门努力控制污染范围，减少污染对海洋养殖业等的破坏。

　　我国对工业排污的管理是有效果的，通过强制性措施，促进沿海企业污水达标排放，大大减轻了海洋污染，推迟了环境恶化的进程。然而，由于排污企业密布，对污染物排放的控制难免有疏漏。企业为了降低成本，偷排的现象屡有发生。有些地方政府环保意识差，为了追逐财政收入，对排污视而不见，客观上鼓励企业的排污行为。

　　最为重要的是，由于海水是运动的，排入海中的污染物并不一定在当地积聚，而是会输送到远方的海域。海洋动力的作用会形成"排污区未必污染，污染区未必排污"的现象，导致难以对排污追责。对污染的治理只能是卡住排污口，一旦污染物离开排污口，海洋污染的责任就难以说清。

　　现在的海洋监测的主体是环境质量监测，监测海水水质及其变化，监测各种污染物在海洋环境各介质中的分布和动态变化。海洋环境监测的另一个方面是对入海污染源的取样监测。这些监测是了解海洋环境状况的有力手段，是我们获取对海洋污染认识的数据来源，也是环境治理的参考参数。然而，由于人为排污的行为无法有效控制和监测，排污和污染的因果关系不明确，环境污染的责任不清，海洋环境监测结果无法直接支持环境污染的治理。

　　环保部门控制污染的主要对策是总量控制，即对排海的各种污染物总量进行控制和分配，使之适应海洋的自净能力，保持海洋水质的动态平衡。可是，违法排污会破坏总量控制的效果，超量的污染物进入海洋，导致海洋环境不断恶化。由于水质监测无法说清一个区域到底排放了多少污染物，地方政府即使想在扼制污染方面有所作为，也不知道自己需要扼制什么，扼制多少，扼制的效果如何。

　　因此，水质监测使得我们只能眼睁睁看着海洋环境在不断恶化，而对环境治理尚无有效的方法，只能依赖海洋自身具有的自净能力，使一部分污染物向远海输送，减轻近海的环境压力。但是，由于入海的排污总量超过了海洋的自净能力，海洋自身并不能遏制海洋环境逐步恶化的趋势。尤其是在一些污染物容易积聚的海域，海洋环境已经恶化到不能利用的地步，有些地方的严重污染已经导致当地居民健康受到损害。基于我国海洋环境的现状，国内外有关部门都对我国养殖业的海产品严加防范、全面检测；一旦海洋环境进一步恶化，导致海产品不适合食用，会导致我国海水养殖业的崩溃，未来海洋环境可能对海水养殖业形成毁灭性打击绝不是天方夜谭。

从全世界的角度看，中国的海洋污染是有特殊性的，世界上发达国家由于重视环境保护，海洋污染并不严重；而大部分发展中国家工业化水平低，海洋污染也不严重。只有中国这样的国家，沿海工业发达，国民环保意识不足，形成了我国海洋环境恶化的现状。

我们知道，由于我国的环保部门和海洋管理部门的努力，海洋污染的进程已经被大大减缓，海洋环境的质量还在可控之中。但是，对于环保漏洞的控制及未来可能发生的环境进一步恶化还没有有效的方法。

从国家持续发展的角度看，我们不仅需要避免海洋环境的进一步恶化，而且应该努力减轻海洋污染，使海洋环境越来越好。这些愿望在海洋环境保护的现状下还难以实现。

因此，对海洋环境污染的监测和治理需要跳出现有海洋环保的框架，从新的视角去看待海洋环境污染，形成新的监测方法和新的管理方法。本书提出了一种名为"通量监测、区域治理"的新方法。这种方法是将沿岸海域科学地划分成一个个区域。根据污染物主要在沿岸输送的特性，在区域两端各设立一个由浮标列组成的监测断面，浮标中包含对多种污染物质的监测仪器和传感器，监测流入流出该断面的各种物质的通量。书中建立了通量监测与区域性污染物排放总量之间严格的理论关系，定量地确定该区域内净增加的各种污染物质的排放总量，明确该区域需要消除的污染物种类和排放量。书中还仔细分析了通量监测可能的误差，保证监测的结果可以作为惩治排污的法律依据。

通量监测将为污染治理提供新的契机。通量监测结果明确告诉对应区域的地方政府，该区域排了多少污染物，排的是什么污染物。地方政府责任明确，可以根据通量监测的结果追根溯源，找到排污责任单位，予以严格执法，实现环境治理。

"通量监测、区域治理"是监测方法和污染治理方法的结合，强调了监测与管理的统一。依据通量监测结果和总量控制指标，可以对超标排放行为进行有针对性的治理，并且可以对治理的效果给出精确的评估。实施"通量监测、区域治理"方法将促进海洋管理部门与环境保护部门的配合，实现真正意义下的分工与合作，共同治理好海洋环境。

"通量监测、区域治理"是国内外都没有的新的监测与管理方法，在理论、技术和实施方面都面对许多新问题，需要在实践中不断完善，使之成为解决我国海洋环境污染的优秀方法。同时，推动"通量监测、区域治理"方法的实施将促进海洋监测技术的进步，增强海洋环境监测能力。我们对这种方法寄予极大的希望，希望通过这种方法的实施和随后的严格管理，使我国的海洋环境逐步好转，而且越来越好。"通量监测、区域治理"方法不仅适用于我国，还可以在那些工业发达、环境恶化的国家推广，形成新的环保产业。

作者

2013 年 1 月 20 日

目　　录

1

第 **1** 章
我国海洋污染监测现状

1.1 海洋环境污染

　　海洋环境污染是指人类直接或间接地向海洋排放超过海洋自净能力的物质或能量，使海洋环境的质量降低，对人类的生存与发展、生态系统和财产造成不利影响的现象。一些自然过程产生的有害物质进入海洋也会形成海洋环境污染。由此可见，海洋环境污染本身是一个相对的概念，是相对于一个参考条件而言的。

　　海水污染是以没有污染的海水为参考条件的。在没有人类影响、也没有自然灾害状态下，海水保持了一种自然的状态，生物和人类都在这种状态下生存和繁衍。在地球环境变迁的不同时期，海水的自然状态不一样，因此所谓自然状态也是不断变化的。在人类社会出现之后，人类活动不可避免地影响海水的结构，已经很难确定纯粹的海水自然状态。因此，所谓"没有污染的海水"是难以找到的。"污染"的参考条件实际上是对人类基本无害的海水条件。换言之，污染的参考条件并不是自然存在的，而是人类确定的，人类可以根据环境对自己生存条件的影响和自己对环境变化的容忍程度确定一个参考条件，满足这个条件的就可以认为是没有污染的，可以作为环境质量的参考标准。

各国的环境参考标准难以统一。有些国家环境管理严格，环境状况良好，就可以依据比较严格的条件制定环境的参考标准；而一些水质较差的国家，为了自身发展的需要，要制定相对宽松一些的环境标准。不论参考的环境标准严格还是宽松，都是以环境对人类的影响为依据，即以人类对环境的承受能力为基本判据。海水污染是指对人类生存和健康造成直接或间接威胁的海洋水质环境条件，在这种污染的环境中，人类将受到不同程度的损害或可能的危害，海洋生态系统也会受到不同程度的影响。

污染物质是导致环境污染的物质，也是以各种形式对人类和生态系统产生负面影响的、甚至构成伤害的物质。污染物质可以是人类排放的，也可以是自然过程产生的。污染物质可以是地球上天然存在的物质，可以是自然的生物、化学过程产生的物质，也可以是人类生产与生活过程中制造出来的物质。这些物质只要对人类有害，就成为污染物质，就要设法消除，以保证人类的生存与发展。

从污染治理的角度看，人类的努力主要是对污染排放的限制，对污染源的控制。不论自然的还是人造的污染物质，如果没有堵住污染源，污染物质已经排入海水中，人类能够发挥的作用就很有限。人类或许会通过一些努力来减轻局部的海洋污染，但迄今为止，海洋污染的减轻主要是靠自然过程实现的，需要靠发生在海水中的过程来减轻或消除海水污染。海水中的物理过程、化学过程、生物过程、沉积过程都可以减轻海水污染（有时也可以加重海洋污染）。人类的很多努力都是在如何利用自然过程来改善近海污染的环境。

所谓自然过程减轻污染，并不是消除污染的过程，实际上只是把污染物质从对人类影响较大的海域运送到对人类影响较小的海域,这些污染物质毕竟仍然保留在海洋之中。世界上每天都有海量的污染物质排入海洋,在海洋中越积越多,海洋环境会不可逆转地持续恶化。由于浩瀚的海洋容量很大,海洋整体性环境恶化过程非常缓慢,导致人类漠视海洋环境的持续改变。但是,海洋动力学过程决定了海洋中的污染物质并不能在全球海洋中平均分配,来自陆地上的污染物会强烈地污染近海,绝大多数污染物质并不能被输送到深远海,而是在近海积聚。自然过程虽然可以帮助人类减轻身边的海水污染,但自然过程的作用也是有限的。人类需要避免短视的行为,关注当前的环境状况,积极努力地防治海洋污染。

从本书第 3 章可以看到,海洋中的污染物质种类非常多,而且还在不断地增加,对污染物质的定量监测是防治海洋污染的关键。然而,污染监测极大地受制于监测能力,如果一种污染物质不能被有效监测,则不能了解和掌握这种污染物质的分布与变化情况,也就无法有效治理。从现在的情况看,实际存在的污染物种类众多,而能够监测的污染物种类很少;绝大多数污染物质可以在实验室进行分析,但只有极少数可以现场监测。因此,发展对污染物质的定量监测能力是现阶段最重要的科技工作之一。人类对污染监测的需求促使很多科学家和技术人员致力于发展海洋监测技术,提升对海洋环境的监测能力,使越来越多的污染物质得到有效监测。随着各种监测手段的进步,能够监测的物质会越来越多,监测能力也会逐步增强。

1.2　我国海洋环境质量现状

从 20 世纪 90 年代开始,我国近岸海域污染强度明显加剧,污染海域的面积逐年增加,超过一类海水水质标准的面积从 20

世纪 90 年代初的约 10 万平方千米增加到 2000 年的超过 20 万平方千米，受污染的海域面积增加了 1 倍，其中，2000 年劣于四类海水水质标准的严重污染海域面积达 2.9 万平方千米。

近年来，尽管我国近海海域污染得到了一定控制，但近岸海域总体污染程度依然较高。《2008 年中国海洋环境质量公报》公布的结果显示，全海域未达到一类海水水质标准的海域面积仍高达约 14 万平方千米。其中，严重污染海域面积仍维持在 2.5 万平方千米，与本世纪初基本持平。

我国近海环境污染较重的区域主要集中在渤海的辽东湾、渤海湾、莱州湾近岸，黄海的胶州湾、海州湾、江苏洋口和启东近岸，东海的长江口、杭州湾、象山港和闽江口近岸和南海的珠江口海域。其中，渤海是我国沿岸污染最为严重的海域之一。2008 年的监测结果表明，渤海未达到清洁水质标准的海域面积达 1.4 万平方千米，占渤海海域面积的 18%，其中严重污染海域的面积约为 3 080 平方千米。

我国近岸海水环境的主要污染物为氮、磷等营养物质和石油烃。氮、磷等物质含量超标会使海水长期处于富营养化的状态，使赤潮等海洋生态灾害发生的几率大大增加。

海洋沉积物是大多数入海污染物，特别是难降解的重金属和有机污染物的最终归宿。近岸沉积物的污染会对底栖生物的生存环境产生严重的影响。我国近岸海域沉积物质量总体良好，但部分河口和海湾的沉积物受到重金属、石油类和多氯联苯等有机污染物的玷污，局部海域沉积物污染相当严重。在河口和近岸浅水区，受海洋动力的影响，沉积物中的污染物会对水体产生二次污染。

由于海洋生物的富集作用，排入海洋的重金属和难降解有机污染物会在海洋生物体内大量聚集，部分生物的内脏对污染物的富集系数可高达几百倍，甚至上千倍。贝类是对海洋污染物富集倍数较高的生物，因此国际上通常将海洋贝类作为监测海洋环境污染程度的指示生物。我国从 20 世纪 80 年代就开始了海洋生物体内污染物残毒的监测。2004 年开始，国家正式实施了贻贝监测计划，在监测计划中规范了监测生物的种类，使监测结果的区域可比性得到了加强。

2008 年的监测结果显示，我国近岸海域部分贝类体内的铅、石油烃、镉、砷和滴滴涕残留水平超过第一类海洋生物质量标准，其中个别站位贝类体内的石油烃和砷的残留水平较高，超过第三类海洋生物质量标准。

海洋生态系统健康（Marine Ecosystem Health）是指海洋生态系统保持其自然属性、维护生物多样性和关键生态过程稳定并持续发挥其服务功能的能力。海洋环境的污染给河口、滨海湿地、红树林、珊瑚礁和海草床等典型海洋生态系统带来了严重的影响，许多海域海洋生态系统的"健康"水平下降，部分生态系统服务功能退化的迹象已经显现。

国家海洋局公布的连续 5 年的监测结果表明，我国主要海湾、河口及滨海湿地生态系统处于亚健康和不健康状态，其中渤海的锦州湾、莱州湾、东海的杭州湾和南海的珠江口海域生态系统处于不健康状态，渤海的双台子河口、滦河口 – 北戴河海域，渤海湾，黄河口海域，东海的苏北浅滩海域、长江口海域、乐清湾、闽东沿海海域，以及南海的大亚湾海域和雷州半岛海域生态系统处于亚健康状态。

以下内容摘录自 2013 年 3 月 20 日国家海洋局发布的《2012 年中国海洋环境状况公报》。公报显示，2012 年，我国管辖海域海水环境状况总体较好，部分近岸海域污染依然严重，未达到第一类海水水质标准的海域面积为 17.0 万平方千

米，高于 2007 年至 2011 年 15.0 万平方千米的平均水平。海
水水质为劣四类的近岸海域面积约为 6.8 万平方千米，较上年
增加了 2.4 万平方千米。近岸约 1.9 万平方千米的海域呈重度
富营养化状态。长江口、苏北浅滩等典型海洋生态系统和关键
生态区域生物多样性水平呈下降趋势，变化情况值得关注。
81% 实施监测的近岸河口、海湾等典型海洋生态系统处于亚健
康和不健康状态。栖息地生境丧失、富营养化严重、生物群落
结构异常是造成典型生态系统健康状况不佳的主要原因。2012
年，我国 72 条主要江河携带入海的污染物总量约 1 705 万吨，
较上年有所增加。辽河口、黄河口、长江口和珠江口等主要河
口区环境状况受到明显影响。入海排污口邻近海域环境质量状
况总体依然较差，排污口邻近海域 75% 水质、30% 沉积物质
量不能满足海洋功能区的环境质量要求。2012 年我国海洋赤
潮灾害多发，海洋环境突发事件风险加剧。全海域共发现赤潮
73 次，累计面积 7 971 平方千米。赤潮发现次数为近 5 年最
多，但累计面积较近 5 年平均值减少 2 585 平方千米。2012
年，国家海洋局继续对 2011 年发生的蓬莱 19 - 3 油田溢油事
故和 2010 年发生的大连新港"7·16"油污染事件实施跟踪
监测，结果表明，事故对邻近海域生态环境造成的污染损害依
然存在。

1.3　海洋污染导致的社会问题

　　一般认为社会问题是指影响社会成员健康生活，阻碍社会
协调发展，引起社会大众普遍关注的一种社会失调现象。社会
问题的特征主要表现为普遍性、变异性、复合性和周期性 4 个
方面。海洋污染问题突出表现为危害人类健康、降低就业与收

入、引起社会纠纷和不稳定，以及阻碍经济持续发展。以上问题构成了社会运行和发展的重大障碍，如不及时解决，会在给社会带来巨大破坏的同时，引发诸多其他社会问题。

美国加利福尼亚大学海洋生态学教授本·哈朋说："捕鱼、化学垃圾排放、污染、海运等人类活动，使 1/3 的海洋受到严重影响，而侥幸未受人类活动侵害的海洋只占不到 4%。"海洋环境污染已经是全世界瞩目的环境议题。

中国社会科学院社会所和中国环境意识项目组日前联合公布的《2007 年全国公众环境意识调查报告》显示，公众对环境污染的关注度仅次于医疗、就业、收入差距问题之后，居第 4 位。报告列举了包括环境污染在内的 13 项社会问题。结果显示：有 10.2% 的被访者将环境污染列为当前我国面临的首要社会问题，有 9.1% 的被访者将环境污染问题列为第二重要的问题，有 13.2% 的被访者将其列为第三重要的问题。调查组经加权计算，环境污染问题在 13 项社会问题中列第 4 位，公众对其关注度在医疗、就业、收入差距问题之后，而居于腐败、养老保障、住房价格、教育收费、社会治安等问题之前。

海洋环境污染影响的主要海洋产业包括海洋捕捞、海水养殖、沿海旅游和海水综合利用等产业。很多在沿海地区工作的人们都依赖于渔业捕捞、纯净的海水和海岸而取得收入，但陆源污染物等进入海洋后会被海洋生物吸收和富集，并通过食物链的传递危害人类健康。一些病源微生物在人们直接接触海水时进入人体对人体健康产生直接的危害。人体如果长期积蓄这些有害物质，会损害神经系统、造血功能，可以致癌，严重的还会致死。

营养丰富的海产品，一直是人们日常生活中的重要食品之一，一旦出现问题，会导致人们对海产品摄入量的减少，被迫改变日常的饮食结构和生活习惯，严重时甚至引起社会的恐慌。1956 年发生在日本的水俣病事件就是因为工厂排放的废水中含有汞，这些汞排入海湾后转化为甲基汞，在海洋生物体内富集，人误食后最终导致了食物中毒。

1988 年，发生在我国上海的吕泗毛蚶污染事件，是迄今为止我国发生的影响最大的海洋食品安全事件。1988 年 1 月初，上海市发现大批腹泻病人，流行病学调查迅速查明与生食毛蚶有关。1 月 6 日，上海市工商局和卫生局采取联合行动严禁毛蚶在市区销售，并没收和销毁了"带菌"毛蚶，从根源上切断了传播途径，但为时已晚。1 月上旬，全市已发现 20 多名因食毛蚶而患急性甲型肝炎的病人 20 多例，预示一场甲型肝炎暴发的可能性。1 月 19 日起，全市甲型肝炎病例数急剧上升，整个流行波持续约 30 天，共发生病例 292 301 例，死亡 11 例。

海洋污染会造成海水浑浊，严重影响海洋植物的光合作用，从而影响海域的生产力；海洋污染会影响海洋生物正常的索食、代谢机能，会降低生物生长速度，从而降低生物的生存竞争能力；生物的卵和幼体比成体更容易受到污染的伤害，因此污染还可能导致种群数量的减少，生物多样性的下降。当发生严重的污染事故时，短期内更会有大批生物死亡。海洋污染对海洋生物的影响直接导致了海洋渔业减产，大批渔民、养殖户因此收入减少。污染严重地区的渔民们甚至一年下来血本无归，直接面临失业问题，由海洋污染引发的收入减少和失业问题将直接影响社会的稳定。

近年来的海洋环境监测结果表明，我国近海部分海域养殖区水质被污染，养殖适宜度下降，养殖产品死亡率增加，品质下降。海水养殖业效益降低，产业的持续发展受到了严重阻碍。

　　陆源污染物的大量排放、海上船舶溢油事件的逐年增加都会造成海洋污染。当发生大规模海洋污染事故时，鱼、虾、贝类等海产品大量死亡，由此会给渔业和养殖业带来不可弥补的损害。每年因工厂废弃物排放、船舶溢油、海洋工程建设等造成渔业、旅游业损失而引发的社会纠纷逐年增加。近年来由于海洋污染造成的纠纷不断，各地人民法院和海事法院受理的海洋环境污染索赔案件的数量大幅度上升。

　　海上船舶碰撞和石油开发平台溢油等污染事件的责任人相对比较容易查清，大多数的污染索赔要求可以通过司法诉讼得以解决。然而，有一些污染事件，由于发生突然，持续时间短和海水的流动性强的原因，如不快速采集证据，很难确定污染责任人，导致受害方一时得不到应有的赔偿，引起较大的群体性上访事件，给社会带来不安定因素。

　　除由于污染食品摄入引发的人体健康问题外，海洋污染导致的海水质量恶化，也会威胁海边休闲度假人群的健康，例如在污染的海水浴场中游泳可能会得皮肤病或是其他慢性疾病，如果海水中粪大肠菌数量超标，人可能还会患上肠胃疾病，如果发生大规模因海洋污染造成的中毒、患病事故，则会使人们人心惶惶，心理健康也会受到损伤。

　　我国很多海滨城市都有国家级风景名胜区，以及很多历史文化和自然遗迹，这些区域不仅记录人类社会人文历史的发展，呈现大自然的瑰丽风光，同时成为沿海城市的重要旅游资源。海洋环境污染使得许多重要的生境、物种及人文资源在我们这个时代逐渐退化甚至消失，自然及文化的传承因而遭到破坏。同时许多城市的海水浴场受到污染，滨海旅游业的发展受到影响。

1.4　我国海洋环境质量标准

　　海洋环境质量状况是反映人类活动对海洋环境影响程度的重要标志。我国海洋环境质量状况监测是通过国家和地方监测计划的实施来完成的。国家监测计划主要由海洋环境污染趋势性监测、陆源入海排污口监测、主要江河污染物入海监测等组成。国家海洋局是国家海洋环境质量监测的组织实施部门。

　　海洋环境质量通常是通过污染物在海洋环境中的浓度水平与环境质量标准比较得出的。我国是世界上为数不多的几个制定了海洋环境质量标准的国家。我国的海洋环境质量标准包括《中华人民共和国海水水质标准》（GB 3097 – 1997），《海洋沉积物质量》（GB 18668 – 2002）和《海洋生物质量标准》（GB 18421 – 2001）。

　　《中华人民共和国海水水质标准》将海水质量分为 4 类，并规定了海域各类使用功能的水质要求。《海洋沉积物质量》按照海域不同使用功能和环境保护目标，将海洋沉积物质量分为 3 类。《海洋生物质量标准》是以贝类（双壳类）为海洋环境指示物种，将海洋生物质量分为 3 类，规定了海域各类使用功能的海洋生物质量要求。

　　按照海域的不同使用功能和保护目标，海水水质分为 4 类：第一类适用于海洋渔业水域，海上自然保护区和珍稀濒危海洋生物保护区。第二类适用于水产养殖区，海水浴场，人体直接接触海水的海上运动或娱乐区，以及与人类食用直接有关的工业用水区。第三类适用于一般工业用水区，滨海风景旅游区。第四类适用于海洋港口水域，海洋开发作业区。

　　各类海水水质标准列于表 1.1。除了特殊标注的之外，物质含量的单位为 mg/L。

表 1.1　海水水质标准

序号	项目	第一类	第二类	第三类	第四类
1	漂浮物质	海面不得出现油膜、浮沫和其他漂浮物质			海面无明显油膜、浮沫和其他漂浮物质
2	色、臭、味	海水不得有异色、异臭、异味			海水不得有令人厌恶和感到不快的色、臭、味
3	悬浮物质	人为增加的量≤10	人为增加的量≤100		人为增加的量≤150
4	大肠菌群≤（个/L）	10 000 供人生食的贝类增养殖水质≤700			—
5	粪大肠菌群≤（个/L）	2 000 供人生食的贝类增养殖水质≤140			—
6	病原体	供人生食的贝类养殖水质不得含有病原体			
7	水温（℃）	人为造成的海水温升夏季不超过当时当地1℃，其他季节不超过2℃		人为造成的海水温升不超过当时当地4℃	
8	pH	7.8~8.5 同时不超出该海域正常变动范围的0.2pH单位		6.8~8.8 同时不超出该海域正常变动范围的0.5pH单位	
9	溶解氧＞	6	5	4	3

续表

序号	项目	第一类	第二类	第三类	第四类
10	化学需氧量 ≤（COD）	2	3	4	5
11	生化需氧量 ≤（BOD5）	1	3	4	5
12	无机氮≤（以 N 计）	0.20	0.30	0.40	0.50
13	非离子氨≤（以 N 计）	0.020			
14	活性磷酸盐≤（以 P 计）	0.015	0.030		0.045
15	汞≤	0.000 05	0.000 2		0.000 5
16	镉≤	0.001	0.005	0.010	
17	铅≤	0.001	0.005	0.010	0.050
18	六价铬≤	0.005	0.010	0.020	0.050
19	总铬≤	0.05	0.10	0.20	0.50
20	砷≤	0.020	0.030	0.050	
21	铜≤	0.005	0.010	0.050	
22	锌≤	0.020	0.050	0.10	0.50
23	硒≤	0.010	0.020		0.050
24	镍≤	0.005	0.010	0.020	0.050
25	氰化物≤	0.005		0.10	0.20
26	硫化物≤（以 S 计）	0.02	0.05	0.10	0.25
27	挥发性酚≤	0.005		0.010	0.050

序号	项目		第一类	第二类	第三类	第四类
28	石油类≤		0.05		0.30	0.50
29	六六六≤		0.001	0.002	0.003	0.005
30	滴滴涕≤		0.000 05	0.000 1		
31	马拉硫磷≤		0.000 5	0.00 1		
32	甲基对硫磷≤		0.000 5	0.00 1		
33	苯并（a）芘≤（μg/L）		0.002 5			
34	阴离子表面活性剂（以 LAS 计）		0.03	0.10		
35	放射性核素（Bq/L）	^{60}Co	0.3			
		^{90}Sr	4			
		^{106}Rn	0.2			
		^{134}Cs	0.6			
		^{137}Cs	0.7			

　　表 1.1 所列举物质的海水水质标准制定于 1997 年。随着经济的发展和工业化的加强，上述污染物质的标准值是否适应海洋污染控制的要求已引起广泛关注，这些污染物质的代表性也有了很大的变化，需要监测更多的污染参数才有可能对水质有更好的保护。另外，近年来有很多新的污染物质出现，有些污染物质的毒害非常大，国家海水水质标准也需要体现这些新变化和科学上的新认识。因此，隔一些时间，对国家海洋水质标准也会进行修订。修订水质标准还涉及两个因素：一个是监测技术的进步，使一些物质得到有效的检测；二是通过有效的

科学研究，提高对海洋中物质有害性认识的提高，作为制定水质标准的量化依据。海洋沉积物质量和海洋生物质量标准也需要不断修订。

显然，通过海洋环境质量标准的实施，可以了解各个海域海洋污染的程度和各介质的环境质量等级。

1.5　我国现有海洋环境污染监测手段

现有的海洋环境污染监测主要监测污染物浓度的空间分布和时间变化，以及对入海污染源的监测。这些监测手段对于了解海洋不同区域的污染状况有积极的作用。

（1）对污染物浓度的监测

对污染物浓度的监测是海洋环境监测的主要手段，是确定海洋水质的依据，也是迄今为止了解海洋污染状况的基础方式。环境监测部门可以通过岸站和船舶对沿岸和近海的水体取样，带回实验室进行分析。按照有关标准分析相关的参数，以确定环境质量。由于能够现场测定的参数非常少，绝大多数参数需要在实验室进行分析。分析海洋环境参数的实验室需要资质认定，资质与观测的参数相关联。国家海洋局在沿海设立一些中心站，沿海省市也有专门的海洋环境监测机构，对常规海洋环境参数有分析能力。但有些参数，例如：放射性物质的监测，只有个别实验室才能分析，需要将水样送到这些实验室才能进行分析。

近年来，国家也发展了海洋水质监测浮标。目前浮标上只能搭载少数几种传感器，保证对海洋水质的基本观测需要。主要参数包括：温度、盐度、溶解氧、pH、负二价硫等。浮标可以布放在养殖区的进水口附近，一旦发现水质异常，可以立即停止进水，避免对池塘养殖造成大范围的污染。

"十五"期间，国家863计划非常重视发展对海洋生态系统及环境污染的监测仪器，并支持发展了船载现场监测技术，把常用的15项监测仪器集成到船上，实现现场监测。在实验室，这15项分析需要10余个有专业技能的人进行作业。考虑到未来船载观测会常态化，船上空间小，不可能有大批专业人员长期在船上工作，因此对船载监测系统要求全自动化，包括自动化采样、进样、分析、排水、清污。所有的仪器和传感器都在中央计算机的控制下作业。该系统最终建设完成，并通过了科技部的验收。

以上采样分析、浮标监测和船载监测都是对污染物浓度的监测。然而，下列问题在海洋监测中经常遇到。

由于海洋是运动的，污染物质在海洋中被输送或扩散。某个海域污染物浓度高，不等于该区域污染物排放量大；反之，某个海域的水体清洁，不见得该海域污染物排放量少。因此，由于污染物浓度的监测不包括污染物排放量的信息，监测只能了解污染状况，却无助于对污染的治理。

海洋动力学过程对污染物有积聚、浓缩的作用，导致一些水交换不畅的海域更容易污染，而在另一些水交换顺畅的海域对污染物有稀释作用。海水运动与大气状况有密切的联系，在一定的风条件下可能引起污染物的积聚，而在另外一些情况下不引起积聚。一些海域的污染物积聚状态与冬夏季风有关。

（2）对入海污染源的监测

目前，国家对入海污染源的监测有两个手段，一个是以国家环保部为主的对入海污染物处理与排放的监督和管理，另一个是以国家海洋局为主的对入海排污口和江河的直接采样监督性监测。

　　对排污口和江河的监测是直接对入海污染源的监测，在海洋环境管理中应该处于核心地位。一旦卡住了污染源，就等于保证了海洋的清洁。然而，有很多因素导致对入海污染源的监测收不到预期的效果。

　　首先，很难监测所有的入海污染源。也许可以把握主要的污染源，但有些沿海有许多小的污染源，对其进行全面的监测是有困难的。环保部门对大型企业排污系统管道内的流量和物质浓度进行监测，也可以应付流量动态变化的情形，但不是大大小小的各种排污口都能装备管道监测装备，从管道监测排污量总是不完整的。其次，有些企业主观上躲避对其排污的监测，例如：检查时不排检查后排，白天不排夜里排等，检查机构对这些行为防不胜防。有些地方追求经济效益，对企业排污持睁一只眼闭一只眼的态度，暗地里纵容企业排污。有些企业在排污后消除排污痕迹，甚至掩埋排污口，使检查人员无从追踪。由于对污染源监测的困难，地方环保局很难准确给出该区域排海污染物的总量，也很难确定排污的责任人，使海洋环境的管理缺乏依据，是导致目前海洋环境持续恶化的原因之一。

　　国家海洋局主导了从海上对排污口的取样观测。海上对排污口取样很艰难，受海况的制约，也受沿岸地形的限制。有时取样点在礁石中，取样有很大的安全风险。即使能够顺利取样，由于不了解工厂的生产过程和排污规律，排污口取样监测不会比陆上的污染监测更有优势。排污口直接取样可以确定污染物的种类，也可以测到污染物的浓度，但知道这个浓度之后还要知道管道内的流量，才能计算排污量。对于海上取样来说，只能确定定常的流量，确定动态变化的流量是不可能的。因此，海上取样只能有效地确定排放的污染物种类和浓度，却无法准确确定排污量。

1.6　总量控制与排污量监测

　　当然，如果能够做到零排污，海洋污染的问题将得到彻底的解决。然而，零排污事实上是做不到的，因为人类要生存，社会要发展，人类的经济活动就要持续下去，就会产生污染物质。我们能够做到的是努力减少污染物质的排放，保持社会健康和可持续发展。另一方面，海洋很大，对污染物质有一定的承受能力，少量的污染物质排放到海洋中对人类的影响不大。海洋有能力承受一部分经济发展造成的环境压力，支持社会经济发展。因此，根据海洋的承受能力，可以确定一个最大允许的污染物质排放总量，保证排污不会超过这个总量。也就是所谓的总量控制。

　　《中华人民共和国海洋环境保护法》第 3 条明确规定："国家建立并实施重点海域排污总量控制制度，确定主要污染物排海总量控制指标，并对主要污染源分配排放控制数量"。因此，对于人为排污的治理，总量控制和分配是海洋环境保护的关键。

　　该法律条文的原则无疑是正确的。但是，如何确定排污总量和这个总量如何控制并没有可靠的方法，在实施过程中遇到很大的困难。

　　由于海水是运动的，受海水动力学的影响，污染物进入海洋后会在有些区域积聚，而在另一些区域得到稀释。积聚和稀释的区域随着风力风向不断发生变化，而且有显著的季节变化。如何针对海洋的动态变化可靠地给定排污总量呢？如果以局部区域的水质来确定排污总量，会导致其他污染物积聚的区域水质下降；如果以所有区域都能达到水质标准来确定排污总

17

量，则允许的排污总量会很小。科学确定海洋排污总量本身是尚未科学地解决的问题。

当然，我们可以先估计给出排污总量，或者给一个比较小的排污总量，就可以比较保险地保护海洋环境。而第2个问题是，如何分配排污总量呢？以冬季渤海为例，由于海水的运动，天津至锦州之间排放的污染物都能被输送到天津近海积聚。为了保持天津外海的清洁，我们可以设定一个排污总量，即沿线各区域最大允许排放的排污量。但是，沿岸的城镇如何科学地分配排污总量呢？如果一个污染物积聚区的污染总量控制是由流经多个地区排污量总体来决定的，则总量控制方案就不是唯一的，某个区域排放的多，其他的区域就要减少排放量。

忽略这些尚待解决的问题，在此，我们假定排污总量能够科学地给出，而且在沿岸区域能够科学地分配，海洋环境将得到保护。但是，由于种种原因，违法排污的现象总是会存在的，需要靠对排污量的有效监测，一方面了解真实的排污量，确定总量控制的效果；一方面根据水质监测和排污量监测的结果，调整总量的设置及分配。

显然，治理海洋环境污染，监测排污量是非常关键的环节，真实的排污量需要靠有效的海洋监测来实现。准确知道排污量，才能知道总量控制的效果，也就可以强化对污染的防治。我们强调，只有对一个区域的污染物排放总量有明确的了解，污染治理才有可能真正到位。社会在发展，排污的企业处于动态变化之中，即使今天没有污染排放，不等于明天也没有。必须对排污量进行动态监测。

18

1.7　通量监测对现有监测的促进作用

综上所述，水质监测可以确定海水的环境质量，但是却不能确定排污量。经过努力，污染源监测可望获得所监测企业的排污量，但不能知道违法排污的排污量。区域性排污量和排污总量不明确，就无法估算一个地区的污染物排放对环境的影响，企业很容易推卸责任，地方政府在海洋环境保护时难以发挥作用，在发生污染事件时法律部门惩罚缺乏证据，发生问题后不同区域的政府可以相互推诿。不明确知道排污量是否超标，也就不知道该如何整改，管理难以到位，治理没有目标。

怎么能知道每个区域到底排放了多少污染物呢？如何突破现有监测技术的限制，确切监测各种已知的和未知的污染源排放的污染物质种类和总量，并监测其动态变化呢？显然，现有的监测方法无法实现这些目标，中国的海洋监测需要新的监测理念，发展新的监测方法，实现对污染物排放量的定量化、精确化、区域化、动态化、业务化监测。

本书介绍的"通量监测"就是为解决这个问题提出的新的监测方法，"区域治理"就是依据通量监测而采用的环境管理方法。这个方法是针对我国现有的海洋污染监测现状提出的，主要针对人为污染的监测，无论是在国内还是在国外，都是一种新方法。

首先，通量监测突破了原有的水质监测和污染源监测的局限，建立了海洋环境监测的新理念，重点监测分区域的排污量。通量监测可以准确确定各个区域的排污量，使分配的排污量成为可以监测的量，对于评判各地区是否超配额排污提供科学证据，使管理工作不但有章可循，而且有据可查，为严格进行海洋排污的总量控制提供强大的技术支持和监测保障。

其次，通量监测还没有经过实践过程，因而，还是一个有待实践和推广的新方法。和其他新的应用技术一样，通量监测需要经过充分论证。本书第 5 章和第 6 章的内容就是在理论上、方法上对通量监测进行充分论证，对监测方法进行了精细考虑，对可能产生的误差进行了详细分析，证明了通量监测每一个环节的可行性。结果表明，虽然通量监测、区域治理是一个新的环境监测理念，但监测方法本身有很好的基础。利用这些基础，并开发出必要的新技术，通量监测将成为可以实施的新的监测方法

第三，通量监测势必将走先期试点，逐步推广，陆续完善的道路。先期，需要建立一个区域的示范系统，发展必要的技术，经过实践检验技术与方法，摸索出实际经验。在这些经验的基础上，逐步推广到更多的海域，形成新的监测系统。污染物的种类众多，先期应针对主要污染物进行监测，然后逐渐增加监测的种类，使通量监测成为功能越来越强大的监测方法。

第四，通量监测直接确定了各个区域的排污量和区域间的污染物通量，也就是直接确定了每个区域排污量对自己区域的影响和对其他区域的影响，为科学确定排污总量提供了依据。通量监测不仅与总量控制毫无矛盾，而且是确保总量控制和指标分配的重要手段。针对海洋的运动特性，通量监测更加适应总量控制的需要。

第 2 章
通量监测方案与规划

毋庸置疑，环境治理只能是"各扫门前雪"，各个政府治理自己的辖区，各个企业治理自己的排污。谁都知道，只要"门前雪"的量是明确的，"扫"起来还是不难的。海洋环境治理的难点就在于门前雪到底是多少不清楚。

现有环境监测可以给出污染物质的分布状况和变化规律，实现对环境状态的了解，可以给出水质的分布和达标状况。但是，对海水的大范围取样观测不能给出形成环境现状背后的排污状况，也无法通过环境监测数据来实现改善环境质量的目的。究其原因，就是因为水质监测不能掌控各个区域的排污状况。

环境污染的门前雪就是企业排放的污染物质，这些物质的排放量不清，既有客观上难以查清的因素，也有企业故意隐藏的因素。通量监测的使命是告诉各地政府，你的门前有多少"雪"，你要把它扫掉。通量监测并不能说清楚哪家企业在排污，只能说清在一个区域内排放了什么，排放了多少。地方政府可以通过这些信息，追踪到排污企业，并采取有效方式来治理。

通量监测实际上等同于分区监测或分段监测，给出各个区域的排污状况，相当于对环境状况的排污背景给出了定量的、分区的数据，使环境质量的管理有了数据依据。另外，海上的污染物绝大多数来源于陆地，实施通量监测实际上等于对所有污染源的状况给出清晰的认识。在实施通量监测的条件下，排污总量的问题解决了，就可以有效地实施区域环境管理，也就是本书所说的"区域治理"。

区域治理就是区域环境管理。由于通量监测带来了更加丰富的监测信息，区域治理与现在的环境管理也有很多差异。本章给出通量监测将带来的环境管理上的进步，指出区域治理与环境管理的优势和进步。

2.1 通量监测、区域治理的新理念

近岸海域是指与海岸连接在一起，并向外海延伸的海域，延伸的范围取决于陆架的结构。海水是运动的，海水的运动造成海洋中物质的重新分布。由陆地排放的污染物主要集中在距离海岸不远的近岸海域，海洋的运动使这些污染物质保持在近岸海域，因而，近岸海域更容易受到污染。

海岸对海水的运动是强大的、不可逾越的约束。一段海岸不管如何曲折，都构成了影响海水流动的要素。近岸海水有多种流动方式，这些流动方式将在第5章详细介绍。除了大型江河口和大型岛屿附近之外，不管哪种流动方式，在距离海岸一定范围内的海水流动的主体大致沿等深线流动，即海洋的等深线对海水流动有较强的约束作用。这就为我们进行通量监测创造了客观的条件。

通量监测就是在两个区域之间的人为分界线上布放若干环境污染监测的传感器或仪器，形成一条监测断面。经过计算，可以获得通过这条断面的物质通量，了解跨越这条断面从一个区域输送到相邻区域的物质总量。如果仅进行一次观测，得到的通量是瞬时的，未必能代表物质通量。但如果这些仪器或传感器长期连续工作，就可以实现对物质通量的动态监测，最终给出跨越分界线物质通量的时间变化，也可以计算出一段时间内通过的物质总量。

如果一个地区与相邻的两个区域之间都各有一个监测断面，就可以确定这个地区通过两侧边界净输入和净输出物质的变化。通过计算，就可以准确给出该地区污染物质的通量差。

如果一个地区污染物质的通量差是负值，即流出的少于流入的，表明这个区域是污染输入区，污染物质从相邻海域流入，导致了该地区的污染。这种情况下可以通过相邻海域的监测溯源，找出导致该地区污染输入的源头，促使环境管理部门采取措施，消除污染输入区域的排污作业。

如果一个区域污染物质的通量差是正值，即流入的污染物质少于流出的，则表明该区域的排污增大了污染物的通量。这时，该区域内的陆源排污就要为此类污染物的增加负责，当地机关部门就有义务采取措施找出这些污染物质的来源，从根本上消除这些污染。

如果一个区域中包含了河流径流，这种通量监测方法确定的通量差也包含了这些河流的贡献。河流流经区域多，河流上游污染物的排放量显然不能由这个区域负责，需要监测上游污染物的来量，撇清该地区的责任，促进寻找上游的污染源。

因此，所谓通量监测，是在监测海域两端各选取一条垂直于海岸向外延伸的垂向的断面，观测穿过这条断面的流量和物质通量，监测进出这个区域的物质的净通量。为了保证监测的精度，每个监测区的沿岸长度需要视海域岸线走向的复杂性而定，平直岸线海域的沿岸长度应在 50～100 千米，复杂岸线海域的沿岸长度要大大缩小。

除了两端的两条断面之外，一个区域还应有另外两条断面，将这个区域严密包围起来。其中的一条是海岸线，是一条物质无法进出的断面。而另一条是区域的外边界，将区域两端的两条断面连接起来。在大多数海域海水主要沿着海岸运动，通量监测主要应用于海水主要沿着区域两端的断面进出的海域。即使海水主要沿岸运动，海域中也会有大量物质在离岸方向向外海输运，通量监测两端断面的数据也会对这种输运给出定量的计算。离岸输运的计算精度取决于海域的沿岸长度，沿岸长度越短，离岸输运的计算精度越高。本书第6.1节给出了对离岸输运的计算方法。

本章提出的通量监测的科学依据是以沿岸运动为主体的海域设计的，对于那些以离岸输运为主体的海域，如河口区、某些上升流区等，则不能采用本书的通量监测方法。然而，对这些离岸输运为主体的海域也是可以进行通量监测的，在方法上可以参照本书提出的方法构建离岸监测断面，实现通量监测。相关内容请见本书2.7节的讨论。

2.2　通量监测的基本原理

如图2.1所示，设选定一条大体垂直于岸线的断面，断面的长度为 X_1 至 X_2，单位为 m；断面的水平方向坐标为 x，垂直方向坐标为 z。放置在断面上的各个传感器和仪器主要用于测量流速剖面、海面高度变化和各种污染物的浓度。速度分布为 $v(x, z, t)$，单位为 m/s。测得的某种物质的浓度分布为 $c_n(x, z, t)$，单位为 kg/m^3，n 代表不同的污染物质。获得污染物的浓度是水平位置 x 和垂直位置 z 的函数，也是时间的函数。

沿着断面的通量有两种表达方式，一种是体积通量

24

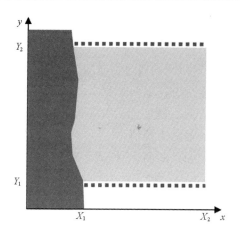

图 2.1　通量监测海域示意图

$F(t)$，单位为 $\mathrm{m^3/s}$；

$$F(t) = \int_{X_1}^{X_2} \int_{-\zeta}^{H(x)} v(x,z,t)\,\mathrm{d}z\mathrm{d}x \qquad (2.1)$$

另一种是质量通量 $E_n(t)$，单位是 $\mathrm{kg/s}$，

$$E_n(t) = \int_{X_1}^{X_2} \int_{-\zeta}^{H(x)} c_n(x,z,t)v(x,z,t)\,\mathrm{d}z\mathrm{d}x \qquad (2.2)$$

注意，两式中的垂直积分都是从自由海表面 ζ 积分到海底，这在物理上特别重要。污染物质的通量监测只能使用质量通量式（2.2）而不能用体积通量式（2.1）。关于这个问题我们将在第 5 章详细论证。式（2.2）表示，只要获得断面上各站的流速和浓度分布及其时间变化，就可以沿断面积分，监测穿越断面物质通量的时间变化。

物质通量 $E_n(t)$ 为单位时间通过的污染物质量，再对时间积分就可以求出特定时间范围通过的物质质量：

$$M_n = \int_0^T E_n(t)\,\mathrm{d}t \qquad (2.3)$$

式中，M_n 代表一定时间内通过物质的总质量，单位是 kg。

沿岸的物质输送有往返两个方向，物质通量的正负代表了物质通量的输送方向。例如，沿着速度正值方向的输送为正，沿速度负值方向的输送为负值。

如果图 2.1 的两条断面 Y_1 和 Y_2，观测计算的结果为

$$M_{n1} = \int_0^T \int_{X_1(Y_1)}^{X_2(Y_1)} \int_{-\zeta_1(x)}^{H_1(x)} c_{n1}(x,z,t)\,v_1(x,z,t)\,\mathrm{d}z\mathrm{d}x\mathrm{d}t$$

$$M_{n2} = \int_0^T \int_{X_1(Y_2)}^{X_2(Y_2)} \int_{-\zeta_2(x)}^{H_2(x)} c_{n2}(x,z,t)\,v_2(x,z,t)\,\mathrm{d}z\mathrm{d}x\mathrm{d}t \qquad (2.4)$$

其中，考虑了两条断面上速度、浓度，断面长度、水深和海面起伏的差异。

从第 5.3 节式（5.28）得出的结论，海域内在时间 $0 \sim T$ 增加的污染物 G_n 由下式确定

$$G_n = M_{n2} - M_{n1} + M_{n3} + \int_0^T \frac{\partial P_n(t)}{\partial t}\,\mathrm{d}t - \int_0^T D_n(t)\,\mathrm{d}t \qquad (2.5)$$

式中，对 $\partial P/\partial t$ 的积分为在时间 T 中污染物浓度的平均增加率，M_{n3} 是从海域外边界流出的物质质量，D_n 为湍流扩散项所发挥的作用。式（2.5）右端各项共同决定了排污量。在第 5 章中的详细论证中可以看出，$M_{n2} - M_{n1}$ 是通量监测的主要结果，也是计算排污量的关键因素。其他各项的作用有限，而且可以比较准确地估计出来。如果没有排污，G_n 等于零；如果有排污，则 G_n 为正值。G_n 为负值的情况为海域中污染物质减少，表明有一部分物质在这个海域沉积，另外，由于大风的原因导致污染物质向外海的输送也会导致 G_n 为负值。

26

但是，式（2.4）只是通量监测的基本原理，并不能直接使用，实际上的通量监测要复杂得多，请见第 5 章的详细介绍。

从式（2.4）可见，通量监测主要依靠的是时间序列的流速监测和污染物浓度监测。其中，流速的监测技术很成熟，可以方便地装备到浮标上，可以准确测量各个层次的流速。测流的关键不在于测流技术，而在于近岸的流系非常复杂，如何使测流站位的布设准确代表流的结构，以及如何使布设的测流站位适应复杂底形的通量计算。另外，流动的成分也很复杂，对流速成分的分析非常重要。有关这些问题参见第 5 章的详细讨论。

虽然我国现在对海洋污染的监测主要是对污染物浓度的监测，但这些监测绝大多数是依靠现场采样和实验室的仪器分析进行的。这些技术和经验很少能用于通量监测。通量监测需要通过现场的传感器和仪器进行监测，而能够现场使用的技术很少，只有很少的污染物浓度可以在现场得到有效监测。有些参数的分析必须使用化学试剂进行，需要一定时间进行化学反应，通常采用微型实验室的技术进行现场监测，监测的响应时间缓慢。有些生物参数需要一定时间的培养，也可以移植到现场进行，需要的时间过程更长。在多种多样的污染物中，能够现场观测的参数很少，具体技术现状见本书第 4 章。

然而，通量观测是面向未来的技术，随着时间的推移，可以监测的参数会越来越多，通量监测的价值也会越来越高。通量监测会促使国家重视发展现场监测传感器和仪器，使越来越多的污染参数置于可靠的监测之下。

27

2.3　通量监测的主要功能

通量监测有以下核心功能：

通量监测不仅监测了污染物质的浓度，还监测了该区域排放的污染物质总量，降低或消除这个总量是该区域地方环保部门的责任。通量监测还可以定量检验环境治理效果。

通量监测是实时的动态监测，使环境指标区域化、环境管理动态化、环境治理常态化。动态监测还可以对突发事件形成追踪能力，了解长距离移动的污染物质在区域间转移的情况。关于这些内容在本书的第8章有详细的分析和描述。

通量监测超出了现有监测体系的范畴，实时提供更多的信息。而且通量监测对于我们经常关注的环境指标的确定有更大的优势。本书的第7章详细介绍了通量监测与传统水质监测的联系，推动通量监测在参数上与水质监测衔接，在管理上与水质监测接轨。

"通量监测、区域治理"的关键是通量计算的准确性，只有准确计算通量，监测结果才能成为权威的执法依据。通量计算的准确性主要取决于3个因素：监测数据的准确性，测站布局的科学性和通量积分计算的准确性。

监测数据的准确性取决于测量技术的发展。我国现有环境要素的现场监测能力较弱，世界上有效的海洋环境监测手段也不多，需要长期努力才能逐步满足通量监测的需要。在本书的第4章将全面介绍我国生态传感器和现场观测仪器的技术现状。随着技术的发展，不但监测的精度可以提高、分析的速度加快、分析的效率提高、自动化程度提高，而且还会有更多的参数实现自动监测，环境管理和污染治理也会随着技术的进步

28

而趋于完善。因此，通量监测的发展必然是不断强化、不断完善的过程。

测站布局的科学性主要体现在对断面流动有明确的认识。一方面，沿岸有潮流、潮汐余流、波浪余流、近海环流、风生流等流动，不同的流动有不同的物理机理和输送特征。观测站点的确定需要充分考虑这些流动的特点、界面和影响范围，否则计算的通量就不会准确。本书第 5 章全面介绍了海流的科学基础，分析了测站布局的依据。另一方面，海底地形不仅对流动有很大的影响，而且对计算的准确性直接产生影响。观测站点的确定要充分考虑不同海底起伏的通量计算方法，避免由积分计算带来大的误差。

通量积分的准确性首先可以由对上两个因素的充分考虑而得到保证，但是，由于通量变化是动态的，在一定的时间内存在往复输送，还伴随着强烈的混合和扩散，要准确计算排污量并非易事。

"通量监测、区域治理"的目标是区域治理。在本书第 8 章中将详细讨论区域治理的相关问题。

2.4　通量监测浮标系统

对通量监测的要求主要是长期、连续，因此，无法靠船舶采样、实验室分析的传统方式进行。即使船舶装备了全套的现场分析仪器，也难以满足通量监测的需要，因为船舶监测各站的同步性不好，会带来很大的误差；同时海况恶劣时船舶不能出海，监测的连续性得不到保证。小型的水质监测浮标也不堪此任，因为小型浮标只能装载几种传感器，而无力支持大型仪器的工作。因此，只有大型观测浮标才是可以胜任的仪器平台。

图 2.2　我国近海使用的大型海洋浮标

（1）大型浮标作业平台

大型浮标的安全性好，设计精良的浮标难以被破坏。大浮标链重锚大，不容易被拖走。大浮标对海况的适应性好，能够在恶劣的海况中持续工作。大浮标可以提供较大的空间，10米直径的浮标可以有 30 平方米以上的工作空间，满足仪器和自动采样系统的空间需求。大浮标有充足的能源供给，满足通量监测所有装备的能源需要。大浮标的通信能力强，保证数据通信的可靠性。大浮标可以装备大型计算机控制系统，能够与陆基管理系统协同工作。

大浮标的壳体是由钢板焊制的封闭体，外壳坚固，抗冲撞力强。内部有多个浮力舱，几个舱室进水时仍能保持工作。大浮标配备内置电池舱、配电舱、实验室和其他配套装备。浮标的中央是直径 1 米以上的柱体，柱体内部是扶梯，可以到达浮标顶端。柱体底部是进入浮标的通道。浮标的顶部是多功能平台，用以安放气象观测传感器、太阳能电池板、卫星通信天线。

由于断面的水深都不大，很少超过 100 米，大浮标全部采用锚链结构，即采用坚固的锚链和卧式底锚，可抗 20 余吨拖力，一般的渔船不能将其拖走，过境的强台风也不能将其移位。

通量监测需要在断面上布放一排大浮标。从观测精度上看，浮标的数量越多越好，而从经济性能来看，只要能实现监测目标，浮标的数量越少越好。因此，采用最少的浮标获得可靠的通量监测数据是通量监测的指导思想。浮标的数目由通量计算的需求来确定，这个问题将在第 5 章中进行了详细的论证。根据我们的先期研究结果，我们建议，断面上的浮标数目应不少于 4 个。

使用大浮标还有一个最基本的原因，那就是很多环境参数的监测没有传感器，而必须使用仪器。仪器和传感器最大的区别是：传感器可以通过将传感部件直接放在海水中获取数据，而仪器需要将海水作为样品取上来，并采用与实验室一样的进样、测试、废液排放、冲洗等过程获取数据。因此，建立浮标实验室是不可避免的选择，浮标的安全性是其次需要考虑的事情，实现仪器的自动化分析是实现通量监测的关键。以发展眼光来看，未来随着越来越多的传感器被研制出来，对浮标实验室的空间需求会降低，可以使用尺度较小、造价较低的中小型浮标，大大降低通量监测的成本。当然，同时也要提高海上作业人员保护浮标的意识，使通量监测的中小型浮标的安全得到保证。

（2）浮标实验室

大浮标中的一个最重要的部分是配置仪器的空间和维持仪器正常运行的系统，我们将其称之为浮标实验室。浮标实验室包括：足够的立体空间、电力供应、自动化样品采集与分析系统。这里，我们主要介绍自动化样品采集与分析系统。

样品采集与分析系统的核心是分析仪器，此外就是与之配套的自动化系统。系统主要包括以下内容：

● 样品采集子系统。通量监测需要分层采样。表层水样很容易采集，但深层水样的采集有一定的难度。由于浮标上采样要求自动化，不能用绞车和采样瓶。计划中的采样系统采用非金属潜水泵采样，将样品直接抽到样品瓶。由于要分层采样，需要有专门的控制单元操控潜水泵的升降和深度定位。

● 样品存储子系统。根据通量监测的需要，采集足够的海水样品到样品存储子系统。该子系统主要包括无污染避光容器，与进样分配子系统连接的水管。直接测量的传感器也要安装在样品贮存子系统中，尤其是溶解氧等需要避免样品与大气直接接触的参数需要在样品存贮子系统中直接获得测量结果。

● 进样分配子系统。进样分配子系统由样品分配阀门组，通达各个仪器的水管，以及样品分配泵组成。在中央控制系统的指令下，与各个仪器配合，在适当的时间为其提供足够的海水样品。

● 废液排放子系统。分析完成后，将把废液全部排放掉。分析的废液主要是加入化学试剂的海水样品。该子系统主要是与仪器连接的管路，控制排放的阀门和吸液泵。由于各个仪器分析完成时间都不一样，可以采用共用的吸液泵，但要有各自的排放阀，使废液实现高效排放。

● 管路冲洗子系统。当一个样品分析完之后，需要对供样管路和废液排放管路进行彻底清洗，以免影响下一个样品的分析结果。冲洗需要用事先存放的蒸馏水，有些仪器的管路清洗还会有特殊的要求。管路清洗子系统与进样和废液排放子系统共用管路，需要由特殊的冲洗泵实施冲洗。由于各个仪器的分析时间差别很大，需要冲洗的时间也参差不齐，不能同时冲洗，而是要逐一冲洗。因此，冲洗系统的结构和控制也很复杂。

● 废液收集子系统。该系统主要是废液池，用来储存分析废液和管路冲洗废水。连接废液池可以有几条通道，类似于城市污水管网，使各个仪器都能方便地连接到排液通道上，并保持管路密封。废液池需要无泄露、无腐蚀、易于卸载。

● 数据采集子系统。浮标实验室将建有仪器使用的数据通信网络，将分析结果传送到中央计算机。中央计算机为各个仪器和传感器提供通用数据接口，各个仪器需要按照接口的技术要求配置接口，以便于仪器在浮标实验室中连接和更换位置。

● 数据传输子系统。中央计算机将对数据进行初步处理，然后向岸站传送。数据传输子系统也是管理指令的传输渠道，岸上的控制中心将与浮标进行双向通信，协调各个浮标的观测，调整观测方案，了解仪器工作状况，控制自检和各种定标、

除了上述结构和功能之外，自动化样品采集与分析系统需要实行通用化设计，将仪器随意安排到任意位置均可工作。系统的控制软件是非常重要的，需要单独设计，保证众多仪器同时工作。

（3）浮标系统的能源供给

对于现在使用的浮标而言，搭载的传感器耗电量都不高，

每天消耗的电力为10安时以下。然而，通量监测的大浮标实际上是一个海上实验室，搭载各种仪器设备。有些参数可以用耗电低的传感器来监测，而很多参数需要用耗电量较高的自动观测仪器来监测。有些仪器系统本身需要很高的电力才能运转。随着技术的发展，监测的参数越多，仪器设备也越多。因此，浮标上实验室的用电是不可低估的因素，必须妥善解决。

虽然可以尽可能多放置电池，多配置太阳能电池板，但是，未必能满足用电的需要。有时，阴天的持续时间长，太阳能可能会满足不了需要；冬季，太阳辐射弱，为浮标的供电能力也将大幅度下降。而且，浮标上的空间有限，能够配置的太阳能电池板数量有限。

在此前提下，解决浮标电力只有两个途径：一个是增加新的能源，一个是减少浮标的耗电量。

有些新的能源可以为浮标提供电力，例如：风力发电和潮流发电都是可以考虑的技术。风力发电的缺点是：在长时间无风的条件下不能可靠地提供电力；另外，架装在浮标上的风力发电机会引起浮标的大幅度摇晃，会影响有些仪器的正常运行。潮流发电机是可供选择的条件，近海潮流强大，潮时有信，可以稳定地提供电力，也不会影响浮标的稳性，是很好的选择。现在还没有可用于浮标的潮流发电机，需要进一步发展相关技术。还有的问题是，潮流的发电能力与潮流的速度平方成正比，通常流速较弱的海域无法提供大量电力。

因此，不论是否能够得到更多的电力，减少仪器系统的耗电量、尽可能地节约电力是浮标系统永恒的主题。浮标的总设计师要时刻关注节电技术的发展，推动每个仪器尽可能地节省电力。一个仪器上标之前要进行优化设计，降低仪器的耗电量。上标后，仪器要经常进行节电升级，采用更先进的技术使仪器的耗电量逐步下降。对于耗电量大的仪器，可以在优化观测配置方面进行考虑，尽可能减少开机时间，降低观测次数，保证用电量。

更为重要的是，可以根据电能供给状况调整用电规模。在电力充足的情况下采用常规观测模式，进行全部参数的高密度观测。在电力不足的情况下，可以采用较低配置观测模式，通过降低观测密度、减少观测参数等方式解决电力不足的问题。

显然，通量监测不是任何低配置都能够满足需要的。通量监测需要根据监测的要素设定最低配置，电力供应系统应在任何条件下都能满足最低配置的需要。因此，最低配置需要的电力对浮标是绝对必要的。

由于世界上还没有通量监测系统，对各个参数最低配置的设定也没有成熟的经验，需要在实践中加以证实和完善，其对电量的需要也会不断调整。因此，浮标保留较大的冗余电力是很必要的。

此外，针对不同的观测配置，应用软件系统也应该进行相应地开发，能够在低配置观测的条件下满足通量监测的需要。

（4）数据的实时通信

通量监测的优势需要通过实时数据通信来实现，也就是将海上监测获得的数据在最短时间内传送到岸站。实时通信有各种形式，都属于无线电通信。19 世纪发明的无线电通信技术，使通信摆脱了依赖导线的历史，是通信技术上的一次飞跃，也是人类科技史上的一个重要成就。

无线电通信是利用电磁波在空间传播特性进行通信的方式。按电磁波波长分为长波通信、中波通信、短波通信、超短波通信、微波通信等。长波通信距离远，需要大功率发射机和庞大的天线系统，不能在浮标上使用。短波通信可用较小功率进行远距离通信，适合浮标使用，但容易受电离层变化、太阳耀斑的干扰。用于浮标通信的都是波长更小的波段，超短波通信和微波通信。超短波通信受干扰小，可用于视距内通信和一定范围的超视距通信。微波通信的频段宽，容量大，受干扰小，通信更加稳定，但只能用于视距内通信，超视距则需要采用接力通信。在地面上的超短波和微波视距通信虽然不受电磁环境干扰，却受地形的强烈影响。而在海洋上，没有地形影响，但浮标不断摇摆，对通信质量有影响。

　　除了无线电直接通信方式外，还可以采用卫星通信。现有的卫星通信有几种，例如：海事卫星通信、气象卫星的AR-GOS通信、铱星通信、北斗系统的短信通信。卫星通信是远离海岸的大浮标的主要数据传输手段，卫星通信价格昂贵，传输的数据少、速度慢、费用高，大数据量的传输将导致巨大开支。

　　由于通量监测的浮标都是在距离海岸不远的地方，也没有地形影响，首选的通信方式是超短波通信的形式。超短波通信费用低，可以海量传输数据到岸站。如果断面较长，远处的浮标无法连接陆地基站，可以采用中继的方式通信，在中部的浮标上安装无线电中继站，转发远处浮标的信号。超短波通信在技术上是非常成熟的，可以作为通量监测的核心通信技术。超短波通信只是表明了通信的频段。在超短波频段内，还有多种通信方式。按信号性质可分为模拟、数字式；按调制方式可分为调频、调相、调幅；按多址连接方式可分为：频分多址（FDMA）、时分多址（TDMA）、码分多址（CDMA）。

　　目前已成熟的应用于浮标的传输手段有甚高频（VHF）、CDMA/GPRS数据通信、北斗卫星通信和海事卫星通信。其中，VHF的通信距离取决于天线的增益、高度，发射机输出功率、接收机灵敏度、电磁环境及有无障碍物等，以目前十米大型浮标的配备条件，适用于距岸 20 千米范围内使用，并需要设置近岸接收站，以降低不良干扰的影响。CDMA/GPRS 数据通信是基于移动运营商的移动通信网络而建立的通信，在移动运营商的有效信号覆盖范围内均可使用，目前移动网络亦可覆盖至距岸 20 千米范围。CDMA/GPRS 通信具有通信速度较快，接收率高，价格低等优势，并且可直接将数据接入互联网。北斗卫星通信是基于我国的北斗通信卫星建立的通信，北斗卫星经过不断完善，目前的数据传输速度和接收率都有大幅提升，且收费较低，目前在卫星通信手段中属最经济的一种。海事卫星是分布在大西洋、印度洋和太平洋上空的 3 颗卫星，几乎覆盖了整个地球。使用海事卫星作为数据传输的手段，适用于其他通信方式无法覆盖到的远洋或通信被破坏的重灾区等，但目前通信费用相对较高。

（5）系统的远程调控

通量监测浮标系统的远程调控是通量监测的重要优势之一。由于无线电通信系统允许进行双向通信，浮标系统可以接收来自岸站的调控信号。浮标需要配置中央控制系统，按照岸站的指令调整观测项目的频数，这里称为系统的远程调控。只要浮标配备了远程调控系统，实现远程调控就是可操作的。这里主要介绍远程调控的内容。

系统需要调控的首先是加密观测。在重污染发生的情况下，需要及时对有关参数进行加密观测，以提高监测的时间分辨率，准确确定污染水体通过断面的时间过程。加密观测需要增加试剂和电力消耗，加重浮标的能量负担，不宜频繁使用；但加密观测又是通量监测的重要功能，需要在初期设计时予以充分考虑。

系统需要根据电力情况和后备预案，调整浮标系统的监测方案。岸站调控系统会自动储备好后备调整预案，在相应的条件下，自动进行功能调控。

系统调控的另一个因素是仪器的在线标定。在原位运行的仪器和传感器都会发生漂移，岸站一旦发现数据有了漂移，需要重新定标。可以通过远程调控系统启动仪器定标程序，确保数据的可靠性。每件仪器都将按照设定的程序进行标定，并按标定文件提供定标后的数据。

管路清洗也是需要调控的内容。管路是自动清洗的，通常不需要岸站干预。但当岸站发现数据有奇异值，怀疑与仪器管路阻塞或物质沉积有关，需要调控系统进行管路清洗。远程调控系统将对浮标仪器系统发送相应的信号，要求自动清洗管路。

可能的远程调控还有一些功能，比如：调整锚灯的亮度，改变锚灯的闪烁方式，调整摄像机的角度，发出警报警笛等等，这些远程调控使得操作人员可以像置身浮标一样控制和调整浮标的功能，达到最好的监测效果。

控制指令要由浮标控制部门统一发出，控制部门掌握全局情况，了解需要实施控制的内容。在中国近海，各个海洋分局的监测中心应该是浮标的控制部门，统辖其管辖范围内的所有通量监测浮标。调控指令由中央计算机发出，并送达区域计算机中心，通过无线电通信系统，向浮标发送控制指令，并确认浮标已经收到了控制指令。

远程调控虽然复杂，但其核心技术已经解决，我国正在运行的浮标中，有一些已经安装了远程调控系统。通量监测系统需要的远程调控技术与现有的远程调控浮标类似，只是远程调控可能更加频繁，调控的内容更加复杂，远程调控具有常态化的特点。需要进一步努力的是,提高远程调控的可靠性,提升控制能力,尤其是针对装有各种仪器的系统进行调控会遇到非常复杂的局面,其调控技术需要在实践中不断完善。

(6)巡查与系统定标

只有气象和水文参数的浮标系统可以全自动进行观测,不需要经常前往浮标维护。一方面由于气象和水文仪器自动化程度高,可以实现免维护运行。另一方面,远海的浮标距离远、前往维护的成本高、海况差。因而,这些浮标通常半年或1年左右的时间维护一次。通量监测的浮标与远海浮标相比,具有距离近、登标容易的特点。监测部门可以在海况好的情况下随时前往浮标开展维护作业。因此,维护通量监测浮标的主要制约因素不是登标的难度,而是由需要维护的内容来决定。

通量监测浮标属于生态浮标,其仪器系统多为生态监测仪器。浮标布放于近海,浮游植物含量远高于远海,会发生严重的生物附着,需要在10～15天的时间里前往维护一次,以清除附着的生物。近海海水成分复杂,海浪作用大,海洋对仪器的腐蚀很严重,也需要及时维护。

既然是环境监测浮标,不能将分析后排放的废水排入海洋,需要将废液储存在浮标中,前往维护时带回。有些仪器需要使用化学试剂,需要在维护时予以补充。浮标的储样器虽然每日多次自动清洗,但也需要在维护时检查,清理可能繁衍的浮游植物。浮标中的自动运行管路也是需要经常维护的部分,每个阀门都可能有生物阻塞。

浮标中很多仪器和传感器需要经常定标,有些可以通过远程控制定标,而有些就需要通过采集样品回到实验室定标,这也是需要经常维护的因素之一。有些仪器需要标准物质进行定标,需要实验技术人员随船登标,对仪器进行定标。

对电源也要定期维护，更换电瓶，检测太阳能电池板。此外，还要对仪器的外壳进行检查、喷刷油漆、检测锚灯、锚链等。

（7）通量监测的维护团队

通量监测的浮标和传感器需要日常的技术服务，包括：浮标的布放与回收，仪器和传感器的维护、标定和更换，样品保障系统的维护，能源和通信系统的维护，生物附着的清除，浮标和辅助系统的腐蚀防护等。

维护团队需要有自己的工作艇，用于在海况好的时候对浮标系统进行维护。工作艇具有维护浮标的电力供应条件，小型仪器的起重条件，通信系统的测试条件，一定的机加工条件、焊接条件和电力维护条件。

通量监测的维护需要训练有素的专业人员组成的团队，需要掌握通量监测的所有硬件技术的维护能力。团队将根据通量监测的需要，在海况好的时候进行系统的维护，在海况差的时候开展维护的准备工作。在通量监测系统全面铺开后，系统的维护团队难免非常忙碌，常年在海上工作。

维护团队不仅需要维护海上浮标内外的硬件，还要维护岸站的通信系统、指挥调度系统和计算机系统。

维护团队需要建立备件库和材料库，以保证通量监测系统硬件维护的需要。

2.5　通量监测技术支持系统

未来在实施通量监测时，需要有强大的技术系统来支持，以保证有源源不断的新技术进入通量监测系统，有可靠的技术提升通量监测的自动化程度，有优越的算法支持对物质通量和排污量的精确计算，有称职的团队维护通量监测的业务化运行。

因此，通量监测需要以下团队构建技术支持系统：

（1）新传感器和仪器的开发

通量监测必将是一个逐步发展和完善的过程。起始阶段，仪器种类少，监测的参数少，传感器少，数据精度低，获取困难。随后，需要逐步解决存在的问题，其中，最为重要的是发展精度更高，更可靠的仪器或传感器，替换正在使用的仪器，使通量监测系统得到逐步完善。开发新的仪器和传感器在未来通量监测的技术支持系统中占居重要的地位。

新型传感器的开发尤其重要。在早期没有恰当传感器的时候，我们只能把一些仪器集成到监测浮标中，形成监测能力。随着技术的发展，需要发展越来越多的传感器，以替代仪器。传感器体积小，分析时不需要人的干预，更换容易，在大规模实施通量监测时显得非常重要。越来越多的传感器问世，将可以减小浮标的尺寸，降低浮标的建造成本。低成本浮标的问世将可以在同样开销的条件下增加断面上的浮标数量，提高通量监测的计算精度。

通量监测对传感器的青睐构成了整体的社会需求，必将吸引优秀的科技人才发展先进的传感器，推动我国海洋监测传感器的技术发展。使我国传感器技术得到长足的发展。另外，也可以吸引国外的优秀技术力量参与到传感器的技术开发之中，推动全世界海洋环境技术的发展。

从我国现有的科技体系来看，仪器开发的技术队伍不必包含到通量监测的技术支持团队之中，而是可以通过项目的方式支持这些分布在各个研究机构中的团队，使之为通量监测服务。但是，通量监测的技术支持团队中还是要有足够的技术力量，具有接收、使用、维护新监测手段的能力，保证新仪器或传感器的正常运行。

（2）大型浮标的优化

大型浮标中的实验室也将处于不断的优化之中。初始阶段的浮标实验室将是最为复杂和困难的，包括实验室采样、进样、冲洗、排污的全套支持系统，也包括供电、通信、保安等支持能力。在通量监测的发展过程中，这些支持系统都将得到不断的完善，在集约化、自动化、可靠性、可维护性方面都不断进步。在完善的过程中，不断降低浮标的造价，降低通量监测的技术成本。

在发展过程中需要多种标体。通量监测的大型浮标需要更加适应技术人员在浮标中的活动，需要引进类似船舶舷窗的自然照明系统；需要将各个辅助系统标准化、模块化；需要提高浮标安全性和监视系统；需要提升数据通信的技术可靠性；需要提高浮标的远程控制能力。这些技术领域的发展将大大提升通量监测能力。

大型圆形浮标在急流区受到的冲击力很大，威胁浮标的安全运行，在有些海域，可能要使用船型浮标和其他流线体浮标。需要及早开发适用于急流区的大型浮标，用以满足通量监测的需要。

在浅水大潮差区，最低水深可能很小，在波浪的作用下浮标会"托底"，即与海底发生撞击。因此，要改进大浮标抗托底的能力，使之在浅水海域可以正常运转。托底或接近托底时不仅威胁到浮标的安全，对浮标上传感器的安装位置、进样系统的深度配置都构成影响，需要统筹考虑并不断改进。在一些潮差大的浅水海域，浮标不能安全运行，可以考虑用坐底式自动工作站取代浮标。

在通量监测过程中，不排除将发展和使用一些小型化的浮标，携带一些传感器，增加通量监测的浮标密度，实现对某些参数的加密观测。这些较小的浮标依托传感器的技术进步，造价低，是未来发展的方向。小型浮标的安全性差，容易被破坏或移位，需要发展相应的锚碇技术和保安技术，使小型浮标和大型浮标一样安全。

（3）应用算法的更新、完善与开发

从本书的第 5 章和第 6 章可以看到，通量监测系统的应用算法是非常重要的，事关通量监测的精度和权威性。由于近海的污染物质扩散是一个非常复杂的动力过程，有很多影响计算精度的因素，不断改进分析算法是非常重要的工作。这些算法将通量监测的精度不断提高，满足对通量监测日益增长的需求。

多数应用算法的改进不是数学问题，而是需要通过对监测海域的海洋考察，在物理上增加对物质运动规律的认识，从而改变应用算法。应用算法的提高需要有专业团队设计改进算法需要的考察方案，实施海洋考察，提高通量监测的精度。因此，改进通量监测应用算法的团队实际上是海洋研究团队，通过对海洋的物理、化学、生物、沉积等过程有比较深入的了解。这个团队可以借用各个研究机构的技术队伍，但实施维护团队必须有自己的技术人员来实施海洋考察。

监测过程的控制要通过应用软件来实现，需要促进软件和硬件时间的协调进步，不断地改进和完善对监测系统的控制能力。

监测结果的提供也是需要不断完善的过程。通量监测不仅为区域监测中心提供结果，也将为地方政府和国家管理部门提供结果。这些监测结果传递的是数据的形式，而显示的是动态图文的形式，需要不同类别的应用软件支持。在地方政府的终端上，需要动态显示监测海域的环境变化、排污总量和输入输出物质通量。在国家管理部门的终端上则需要动态显示全国沿海通量监测海域环境的动态变化。

总之，通量监测需要有专业化的技术支持系统，保持通量监测系统的连续持久运行和持续的技术进步。

2.6　通量监测的软条件

在浮标系统建成，仪器和传感器备齐、监测海域选定、监测目标明确、支撑队伍落实、支撑条件具备的条件下，就可以运行通量监测系统实施通量监测。

为了确保通量监测工作，还要开展以下工作：

（1）进一步完善通量监测理论，确保通量监测的科学性

虽然本书第 5 章在理论上全面论证了通量监测方法，但通量监测理论还需要进一步发展和完善。通量监测不仅涉及科学问题，还涉及经济问题和社会问题，相关的研究还没有开展。

（2）通量监测断面的选取

在第 5 章中论证了设置断面的基本原则，断面应尽量设置在地形和岸线变化梯度较小处。而实际海洋的环境状况非常复杂，如何落实上述基本原则还需要深入研究和分析。要充分了解我国各个海域的地貌、岸线、岛屿、浅滩等的特征及分布，制定断面选择的标准化方法，并制定相应的技术标准，评估通量断面选择的优劣。通过这些工作，使得断面选择标准化，减少人为的任意性，选择结果可评估。

（3）建立通量监测的技术规程

通量监测涉及很多种仪器，不同仪器的使用方式有很大的差别。有的仪器可以长期不用标定，有些需要频繁标定。有些仪器与海况没有关系，有些仪器会受到海况、泥沙含量的强烈影响。仪器的使用程序也很不相同，需要逐一制定。由于系统是全自动化运行，对监测结果的正确性需要监督和评估。通量监测系统需要日常维护，不同的仪器维护目标不一样，系统维护的程序和目标也要明确确定。这些内容都需要用技术规程固化下来。通量监测的技术规程实际上是通量监测方法的国家标准，需要根据应用结果，进行深入研究，保证规程的正确和可行。一旦规程制定完毕，将在通量监测中严格实施。

（4）建立通量监测数据分析系统

通量监测的数据具有法律效力，不允许得到错误的结论。监测数据计算的结果有误差，要明确这些误差，确保提交的分析结果在去除误差的影响之外仍能给出确定性的结论，保证监测结论的可信性和严肃性。为了保证监测数据的准确性，要进一步开发数据平差和交互验证方法，进行有效的误差校正，并发展数据自动分析系统，投入业务化应用。

（5）配套的通量监测数值仿真系统

通量监测的众多仪器难免随时出现问题，如果仪器损坏或数据严重出错，数据分析系统将自动剔除这些数据。可是，如果数据看起来在允许范围内，实际上却是由突然产生的误差造成的，就会导致对物质通量和污染物排放量的误报。为了避免因为仪器数据误差导致的误报，需要有一个与通量监测系统同步运行的数值仿真系统，每时每刻进行二者的比较。一旦出现偏差，就要提醒监测管理人员，查找数据可能的偏差和错误。数值仿真系统实际上是一个带有同化功能的海洋物质扩散的数值模拟系统，其本身也是需要深入开发的复杂技术系统，需要在构建通量监测系统的同时开发和建设。

如果说浮标和仪器是通量监测的硬条件，而理论、算法和规程就是通量监测的软条件。二者的有效结合将形成通量监测的能力。

2.7 河口区的通量监测

实际上，通量监测在河口区也是可以实施的，在方法上与沿岸海域的通量监测没有实质性的差别。在河口区的通量监测有一定的特殊性，有些问题很不容易解决。这些问题包括：

（1）对河流排放的污染物难以准确测得。河口区的通量监测需要对下泄污染物质通量有精确的观测。由于河口内部的尺度小，海底起伏变化大，流动剪切强，涡旋频发，很难准确测定物质通量的数值。日常提到的河流流量是比较粗的估计，用来做通量监测精度不够。当然，我们可以通过加密站位进行观测，以获取更为精确的通量观测结果，但是，由于河流流量最大处往往是河流的主航道，观测的浮标会影响船舶航行。因此，在河口区实施通量监测存在管理上的困难。

（2）巨大的垂向物质通量难以准确监测。河流物质入海后，由于水流速度骤减，大量物质在河口海域发生快速沉积。河流物质的沉积速度非常快，以至于每年将大范围海域淤积成陆地。快速沉积实际上是非常大的垂向物质通量，这个通量将减少水平方向的物质通量。而沉积导致的垂向物质通量无法准确估计，会对水平物质通量的计算产生很大的误差，使通量观测的误差大到难以接受的程度。沉积通量的估计误差还来自：入海水流中物质含量的巨大差异，水下不断变化的陡峭地貌，以及难以观测的异重流，这些都将影响河口区的水平通量监测结果。

（3）盐水和淡水监测技术的不同也将使河口区的通量监测有很大的难度。由于海水的氯离子和钠离子导电的特性，海水的监测技术与淡水的同类技术有很大的差别，一些在淡水中普遍采用的技术在海水中完全不能使用，必须针对海水研制适用于海水监测的仪器。反之，有些海水中用的环保仪器在淡水中也不能使用。在河口海域，很多地方涨潮时是海水，落潮时是淡水，无法用同类仪器进行监测。

上述这些因素使得对大型河口区的通量监测困难重重。通量监测是新的方案，需要不断发展完善。我们建议首先对沿岸海域实施通量监测，解决各类核心技术，摸索经验，使之发展成业务化的监测系统。然后，再对河口海域的通量监测进行深入研究，解决河口海域通量监测的难题。

2.8　冰期的通量监测

在渤海三大海湾冬季都发生海冰。近年来，由于全球变暖，冬季海冰已经减少，厚度也减薄。但是，海冰仍然频繁发生，在 2010 年春季发生 30 年未遇的海冰灾害。

通量监测在海冰覆盖海域将遇到麻烦。首先，海冰将妨害大浮标的安全。海冰有很强的力学作用，在潮流的作用下，海冰的运动形成很大的速度和很强的冲击力，对遇到的障碍物有很强的破坏作用。1969 年，渤海 2 号石油平台被海冰摧毁。万吨巨轮都无法抵御海冰的冲击，用于通量监测的浮标基本不能抵御海冰。

第二，海冰可以积聚结冰前近表层海水中的污染物，并携带这些污染物漂移，漂移过程中只随冰运动，没有扩散、混合、絮凝、沉降等过程。目前能够实现自动监测的仪器只适用于分析海水中的物质，对积聚在海冰中的物质还没有监测能力。

因此，本书提出的监测方案不支持在冰区进行通量监测。对渤海冬季结冰的海域，只能进行季节性通量监测。季节性通量监测固然会影响对污染物质全年变化的了解，但至少可以对无冰季节实现通量监测，监测时期超过 8 个月，对环境污染的治理仍然是有价值的。

另外，在结冰季节，化肥、农药、养殖污水等有些污染物的排放也减轻了，赤潮、浒苔等在冬季都不暴发，降低了冰期监测缺失造成的负面影响。

第 3 章
海水中的主要污染物质

海洋中的污染物质种类非常多，而且还在不断地增加。本章介绍海洋中的主要污染物质，指出通量监测的使命。

3.1 近海污染源

污染监测和污染治理是密切关联的事，但二者的关注点并不相同。污染监测关注的是污染物质，监测污染物质的成分和含量。有时，不同的污染源可以产生相同的污染物质。监测污染物质是污染监测永恒的主题。而污染治理关注的是污染源，堵住污染源是治理污染的治本之策。由于本书提出的通量监测、区域治理是监测与治理的统一，因此，本章我们从污染源的角度讨论污染物质，从污染物来源看待对污染物质的监测。

近海海域的污染物质主要是通过河流输入、大气输入、近岸排污口排放、海上交通运输和生产活动，以及面源污染的方式进入海洋环境的。根据污染物产生的人类活动类型，近海污染源也可以分为工业污染、农业污染、城市生活污水和交通运输污染等，大部分污染物是伴随着以上活动中产生的污水进入海洋的。

工业污染源主要是指工业生产过程中产生对环境要素有毒、有害物质（能量）的生产设备或生产场所。工业生产过程主要包括：原辅料生产、加工过程、燃烧过程、加热和冷却过程、成品整理过程等。除废渣堆放场和厂区降水径流产生的污染以外，大多数工业污染源属于点污染源。它通过排放的废气、废水、废渣和废热对近海大气、水体和沉积物产生污染。

农业生产也是造成海洋环境污染的一个主要污染源，农业生产中使用农药、化肥等以抑制病虫害的发生和补充土壤中养分损失，是农业生产所必需的。但是，由于目前我国农业生产中农药和化肥的使用相对比较粗放，使用效率较低。大量的农药和化肥随着降雨等过程进入河流并排向海洋。畜牧业生产也会给环境带来粪便等污染。此外，近20年大规模发展起来的近岸围海养殖、网箱养殖等海水养殖也给近海环境带来污染和危害。

人类消费活动产生的废水、废气和废渣都会造成环境污染。城市和人口密集的居住区是人类消费活动集中地，是主要的生活污染源。城市生活污染源包括：住宅、旅游、餐饮、宾馆、医院、商业等。

随着沿海经济的高速发展，特别是外向型经济比重、以及能源和资源需求的增加，海上交通运输和生产活动日趋繁忙，海上溢油和有毒有害化学品泄露的风险上升，已成为海洋环境中必须关注的污染源。

在后面各节，我们将介绍各种污染源可能产生的污染物质。

3.2 工业污染物质

目前我国沿海可能产生污染的大型生产企业主要包括冶金与钢铁制造、石油化工、造船工业、发电（火电和核电）和大型机械加工。传统企业主要包括造纸、印染、电镀、屠宰和

食品加工、电子和仪器仪表等。这些生产企业产生排放的工业
废气中存在的污染物质包括：一氧化碳、二氧化碳、粉尘、二
氧化硫、一氧化氮、二氧化氮、光化学烟雾、硫化氢、氟、氟
化氢、氯、氯化氢、氨、乙烯和苯并［a］芘等。这些污染物
会对人类健康产生直接影响，许多污染物会进入到海洋环境。
二氧化碳等气体排入大气后会产生温室效应，导致全球气候变
化。溶解到海水的二氧化碳会引起海洋酸化，从而对海洋生态
系统产生破坏性影响。

　　工业废水的排放会对海洋环境和近海生态系统产生极大的
破坏。由于企业的类型不同，工业废水中含有的污染物种类也
有较大的不同。

　　重金属类污染物主要来源于冶金与钢铁制造、火力发电、
矿山开采、无机原料生产、机械制造、电镀、橡胶、塑料及化
纤等企业。工业废水中含有的重金属通常包括铬、锰、铁、铜、
锌、银、镉、锑、汞、铅等金属。重金属进入海洋后，会在海
洋生物体内富集，并通过生物链进行传递，影响人类健康。

　　工业污染物还包括磷、硫、砷等非金属物质，以及酸、碱
等。主要来自工、农业废水和煤与石油燃烧而生成的废气转移
入海。这类物质入海后往往是河口、港湾及近岸水域中的重要
污染物，或直接危害海洋生物的生存，或蓄积于海洋生物体内
而影响其利用价值。

　　有机污染物来自造纸、印染和食品等工业的纤维素、木质
素、果胶、醣类、糠醛、油脂等以及来自生活污水的粪便、洗
涤剂和各种食物残渣等。造纸、食品等工业的废物入海后以消
耗大量的溶解氧为其特征。

　　有机污染物还来源于各类化工企业的污染物，如有机化工
原料生产、石油冶炼、染料生产、制药业、化肥与农药生产、

皮革与皮革加工等企业。这些企业排放的废水中含有 COD、BOD、苯胺类、苯类、硝基苯类、多环芳烃（PAHs）和多氯联苯（PCBs）等有机污染物和化合物。有机污染物在环境中有持续时间长、毒性大的特点。多环芳烃、多氯联苯、苯胺类、苯类、硝基苯等均属于持久性有机污染物。

多环芳烃是指含有两个苯环以上的烃类化合物，是有机物不完全燃烧或高温裂解的产物，主要来源于煤炭和石油的燃烧，以及海洋环境中石油的降解。20 世纪 80 年代，美国 EPA 将 16 种常见多环芳香烃（PAHs）列为环境优先监测的污染物。这 16 种多环芳烃包括萘（Naphthalene）、苊烯（Acenaphthylene）、苊（Acenaphthene）、芴（Fluorene）、菲（Phenanthrene）、蒽（Anthracene）、荧蒽（Fluoranthene）、芘（Pyrene）、苯并（a）（Benzo（a））、蒽（anthracene）、屈（Chrysene）、苯并（b）荧蒽（Benzo（b）fluoranthene）、苯并（k）荧蒽（Benzo（k）fluoranthene）、苯并（a）芘（Benzo（a）pyrene）、茚苯（1，2，3－cd）芘（Indeno（1，2，3－cd）pyrene）、二苯并（a，n）蒽（Dibenzo（a，h）anthracene）和苯并（ghi）北（二萘嵌苯）（Benzo（g，hi）perylene）。

多氯联苯（PCBs）是一类苯环上碳原子连接的氢被氯不同程度地取代的人工合成的有机化合物，由于良好的绝缘性、抗热性和化学稳定性，20 世纪 30 年代开始，美、英、日等发达国家大量生产，被广泛用做蓄电池、变压器、电力电容器的绝缘散热介质，以及绝缘油、油漆、墨水等产品的添加剂。

多环芳烃和多氯联苯这类环境难降解有机污染物具有致癌变、致突变和致畸变的特点。多环芳烃结构中存在的两个亲电子中心易于生物体内的 DNA 分子的互补碱基发生反应，形成多环芳烃－DNA 加合物从而引起 DNA 的损伤，从而导致癌症

的发生。从目前所知的多环芳烃的致癌数据来看，环数较少
（三环以下）和环数较多（七环以上）的多环芳烃大多毒性较
小或不具致癌性，而四到六环的多环芳烃一般毒性较大，如五
环结构的苯并［a］芘具有极强的致癌性。另外，绝大多数的
多环芳烃衍生物，如取代多环芳烃、氯代多环芳烃和多环芳烃
环氧化物是直接致突变物或潜在致癌物，其致突变性和致癌性
比母体强数十至数千倍。

　　多氯联苯对生物的急性毒性不明显，一般更多的表现为对
生物的亚急性和慢性毒害作用，主要影响生物体内的免疫功
能、激素代谢、生殖遗传、生长发育等各方面的代谢。有研究
证明多氯联苯可以导致斑马鱼和虹鳟体内卵黄磷蛋白水平下
降，血液中雌激素和卵黄蛋白原含量下降。多氯联苯的生殖毒
性主要表现在抑制卵巢发育、降低性腺体重指数、从而导致生
殖力下降等。发生在日本和台湾的两次因为误食含多氯联苯的
米糠油所致的多氯联苯污染事故中，都出现了氯痤疮、色素沉
着和青少年发育迟缓的现象。

　　海洋环境中另一类来源于工业生产的污染是热污染和放射
性污染。热污染主要来自电力、冶金、化工等工业冷却水的排
放，可导致局部海区水温上升，使海水中溶解氧的含量下降和
影响海洋生物的新陈代谢，严重时可使动植物的群落结构发生
改变，对热带水域的影响较为明显。

　　放射性污染主要来自核武器爆炸、核工业和核动力船舰等
的排污。有铈－114、钚－239、锶－90、碘－131、铯－137、
钌－106、铑－106、铁－55、锰－54、锌－65和钴－60等。
其中以锶－90、铯－137和钚－239的排放量较大，半衰期较
长，对海洋的污染较为严重。沿海核电站通常是安全的，排放
的放射性物质很少，几乎不会对环境产生负面影响，但是，核

53

电厂潜在的危险也是必须警惕的，例如近期日本福岛核电厂放射性物质排放。放射性污染物质会在海洋生物体内积聚，人类食用后将威胁人类的健康，提高癌症的发病率。

从以上介绍可知，工业污染产生的大多是人类制造出来的污染物质，这些物质在海洋中难以靠自然过程减少，会对人类和海洋生物产生重大的危害，是需要密切关注的物质，也是需要环保部门追根溯源、严防死守、毫不留情予以治理的污染物。工业污染物质又是有些企业偷排的物质，在监测和治理中都有很大的难度。

更为重要的是，很多污染物还没有有效的手段监测，甚至构成海洋监测的死角。通量监测要在工业污染物的监测上有所作为，就必须通过不间断的努力，逐步提高工业污染物的监测种类，使之成为治理工业污染的重要手段。

3.3　农业污染物质

农业污染物是指农业生产活动中所产生的危害环境的物质。从"大农业"的概念讲，农业活动除主要的农耕活动外，也包括畜牧业和近年来兴起的海水养殖业。另外，农业产品或饵料的加工也是一种工业，产生与工业类似的污染物质。这里，我们强调农耕过程中的两种主要污染物质：过量使用化肥造成的污染和农药污染。

（1）氮、磷污染与富营养化

在农耕活动中大量使用氮肥和磷肥等无机化学肥料以增加土壤的肥力。在传统的施肥操作中，农作物和土壤对化学肥料的吸收是有限的。在降雨过程中，未被吸收的氮、磷等随着水土流失进入河流或者直接进入海洋。

　　氮、磷和硅在海洋环境中是浮游植物生长所必需的元素，通常称为营养元素或营养物质。一般来说，藻类健康生长及生理平衡所需的氮、磷物质的量的比为 16∶1 （Redfield 常数）。氮、磷等营养物质大量进入海洋，导致海洋中营养物质含量过多所引起的水质污染现象，称为海水的富营养化。我国大部分近海海域，特别是河口海域长期处于富营养化状态。营养物质的排入不仅使其浓度异常升高，也使海水中氮、磷比例严重失调。超出正常含量的营养物质会带来危害，有益的营养物质就变身为污染物质，氮、磷长期以来一直是我国近岸海域主要污染物，以渤海、长江口和浙江海域污染最为严重。

　　海水富营养化最大的危害是产生赤潮。赤潮是海洋藻类在丰富的营养物质条件下大规模繁殖的现象，就赤潮本身而言也许是海洋生态系统的一种自然现象，但是，由于赤潮危害其他海洋生物的生长，成为一种海洋灾害。有些赤潮藻类在旺发时会排出毒素，有些毒素对海洋生物而言是致命的，人类不慎食用后也会产生严重后果，称为有害赤潮。因而，各国都将赤潮作为灾害看待。

　　近海养殖业是赤潮的受害者，也是赤潮的生成因素之一。近海养殖业的密集养殖需要大量投饵，有些饵料被养殖生物食用，而有些饵料就被排入大海。尤其是在开放海域的网箱养殖，未被食用的饵料所占的比例更高。此外，养殖生物摄食后排泄物与饵料的化学性质相似，也是营养物质。浪费的饵料和生物排泄物成为海洋营养物质的重要来源，促成了海洋富营养化。

　　海洋富营养化使海洋赤潮发生的频率和规模增加，从 20世纪 80 年代开始，我国沿海赤潮发生的次数不断增加，且出现了全年发生赤潮的时间增加，赤潮持续时间长，面积扩大，有害赤潮比例增加的特点。富营养化程度较重的海域也是赤潮发生次数较多的海域。

东海是近年来我国赤潮灾害发生次数最多的海域，属海洋赤潮灾害高发区。近 5 年的监测和统计结果表明，2004 年至 2008 年 5 年间，东海海域监测到的赤潮灾害次数为 53 次，51 次，63 次，60 次和 47 次，分别占当年全国赤潮灾害发生次数的 55％，62％，68％，73％和 69％。

赤潮灾害的发生在给海洋生态系统带来危害的同时，也给沿海海水养殖业造成巨大损失。1998 年渤海发生了历史上规模最大、持续时间最长的赤潮事件，从 7 月到 10 月，造成直接经济损失近 5 亿元。因此，治理海洋的富营养化是我国经济发展中的重要使命。

（2）有机氯农药（OCPs）

大部分农药类物质并非来自沿海，而是在森林和农田等施用并随水流迁移入海，或通过大气而沉降入海。

有机氯农药主要分为以苯为原料和以环戊二烯为原料的两大类。以苯为原料的有机氯农药包括使用最早、应用最广的杀虫剂六六六（BCHs）和滴滴涕（DDTs）及其衍生品。以环戊二烯为原料的有机氯农药包括作为杀虫剂的氯丹、七氯、艾氏剂、狄氏剂、异狄氏剂、硫丹和碳氯特灵等。这类化合物通常具有较高的疏水性，不易被生物分解，在环境中长期存在，易在生物体内和沉积物中大量富集。近年来的研究结果表明，这些化合物大部分是内分泌干扰物或者潜在的内分泌干扰物，即使长期以低剂量存在于环境中，也会严重影响人类健康，已有大量文献报道了这类化合物对人类健康的危害。

（3）有机磷农药污染

有机磷农药属有机磷酸酯类化合物，是现有农药中品种最多的一类，是使用最多的杀虫剂。有机磷农药约有 100 多种，包括甲拌磷（3911）、内吸磷（1059）、对硫磷（1605）、特普、敌百虫、乐果、马拉松（4049）、甲基对硫磷（甲基1605）、二甲硫吸磷、敌敌畏、甲基内吸磷（甲基1059）、氧化乐果、久效磷等。有机磷杀虫药经皮肤、黏膜、消化道、呼吸道吸收后，很快分布全身各脏器，以肝中浓度最高，肌肉和脑中最少。它主要抑制乙酰胆碱酯酶的活性，使乙酰胆碱不能水解，从而引起相应的中毒症状。

有机磷农药一般在自然环境中会迅速降解。在土壤中的降解会随土壤含水量、温度和 pH 值的增高而加快。在水体中的降解会随水的温度、pH 值的增高，以及微生物数量、光照等的增加而加快。因此有机磷农药大多数品种不像有机氯农药那样稳定，它们在土中的残留时间仅数天或数周。有些农药亲体及其在自然环境中的降解产物，残留在环境中或作物上可造成农药污染。

关于有机氯农药和有机磷农药在海洋环境中的行为和对生物的毒性效应研究，长期以来一直是海洋环境科学和海洋环境保护领域研究的重点。随着分析仪器的不断更新和分析方法的改进，实验室对有机氯农药的测定已从开始的化合物总量测定发展到对其不同单体和衍生物的测定。分析技术的提高，使人们对这类化合物的致毒机理和毒性效应有了更深刻的了解。

对海水中农药物质的监测难度很大，在通量监测中需要重点关注。

农业污染的治理非常困难。一方面，农业污染产生于广大的耕种区域和大量的人群，几乎无法进行有效地管理；另一方面，农业的有些污染就产生于正常的投饵、施肥过程，无法进行控制。对农业污染物的管理除了通常的监测和治理之外，还需要从国家的高度改进化肥结构、改良农药的品种、科学施肥施药、减少未吸收肥料的投放、控制降雨导致的排海等，经过长期努力，不断为农业导致的海洋污染釜底抽薪。

3.4　生活污水

生活污水是指城市机关、学校和居民在日常生活中产生的废水，包括厕所粪尿、洗衣洗澡水、厨房等家庭排水以及商业、医院和游乐场所的排水等。随着城市化速度的加快，人口趋海性增加和生活水平的提高，沿海城市生活污水的入海排放量也逐年增加。城市生活污水污染物含量主要是有机物，如淀粉、脂肪、蛋白质、纤维素、糖类、矿物油等，这些物质导致COD_{cr}（采用重铬酸钾作为氧化剂测定出的化学耗氧量）、BOD_5（5日生化需氧量）、TKN（凯氏氮）、TN（总氮）、TP（总磷）也较高。生活污水经一级物理处理、二级生化处理后COD_{cr}、BOD_5、TKN、NH_3-N（氨氮指标）等大幅度降低，但TN、TP仍较高。这些污染物进入海水中将带来以下性质的污染：

（1）病原微生物污染

病原微生物主要来自城市生活污水、医院污水、垃圾等方面，具有数量大、分布广、存活时间长、繁殖速度快、易产生抗性，很难消灭等特点。即使经过传统的二级生化污水处理及加氯消毒后，某些病原微生物、病毒仍能大量存活。病原微生物可以通过多种途径进入人体，并在体内生存，引起人体疾病。生活污水中还含有的粪大肠杆菌、肠球菌等病原生物，会对海产品质量和人体健康产生直接的危害。

（2）耗氧有机物污染

有机物进入水体后，通过微生物的生物化学作用分解为简单的无机物质二氧化碳和水，在分解过程中需要消耗水中的溶解氧。在缺氧条件下有些有机物就发生腐败分解、恶化水质，这些有机物也称为耗氧有机物。水体中耗氧有机物越多，消耗溶解氧就越多，水质也越差。

（3）富营养化污染

城市生活污水排放到近海环境后，其中含有的有机污染物和氮、磷物质带来了直接的污染。当排放的氮、磷等营养物质含量过多，形成海水的富营养化污染。从海洋生态系统来看，富营养化体现为两个方面：无机营养物质含量的异常增大和有机物含量的增加。

无机营养物质含量在正常情况下是限定植物种群数量的重要因素，其含量的异常增大将导致浮游植物种群异常增大，导致赤潮、大范围浒苔等海洋灾害的形成。

而有机污染物将在海洋中被分解，其含量的增加将导致发生的分解过程增加，消耗海洋中的氧而影响海洋环境。特别是在夏季，当海水温度升高时，有机污染物的分解消耗了海水中大量的氧气，使海水质量明显下降。

（4）恶臭

恶臭是一种普遍的污染危害，也发生于污染水体中。人能嗅到的恶臭多达 4 000 多种，危害大的有几十种。恶臭妨碍人类的正常呼吸功能，使消化功能减退，精神烦躁不安，工作效率降低。人们不能在有恶臭的水体里游泳和开展其他海洋休闲活动。某些水产品染上了恶臭无法食用。有些恶臭的水体还包含硫化氢、甲醛等毒性物质。

（5）酸、碱、盐污染

酸、碱污染使水体 pH 发生变化，消灭或抑制微生物的生长，妨碍水体自净，还可腐蚀海洋中的建筑物、船舶和工具。酸与碱往往同时进入同一水体，从 pH 值角度看，酸、碱污染因中和作用而自净了，但中和之后可产生某些盐类，成为水体的新污染物。因为无机盐的增加能提高水的渗透压，对水动植物生长有不良影响。

（6）有毒物质污染

有毒物质污染是海水污染中特别重要的一大类，种类繁多，其共同的特点是对生物有机体的毒性危害。

根据国家要求，到 2010 年，主要城市污水处理率应不低于 70%，其他城市不低于 60%。然而，由于城市污水处理需要首先将污水集中，城市地下污水管网改造和污水处理厂建设需要投入大量的资金，因此要完成上述目标仍存在较大困难。

目前发达国家普遍采取的沿海城市生活污水加强处理，离岸（深海）排放的方式。深海排放虽然同样污染海洋，但让污染物存在于对人类影响较小的海域不失为一种应急之策。同样是由于资金投入量过大，我国现阶段普遍采用深海排放难度很大。当前，沿海城市的生活污水大都采用岸边漫流排放的方式。这种排放方式一方面污染物的降解不如深海排放快，同时，又直接污染到海滩和近海的海洋自然保护区、海滨风景名胜区等重要保护对象，对近海海洋环境的保护十分不利。

3.5　石油污染

海上交通运输活动的增加使船舶溢油事故不断增加，生态风险加大。同时海上石油开发活动也是海上石油污染的潜在污染源。石油污染包括原油和从原油分馏成的溶剂油、汽油、煤油、柴油、润滑油、石蜡、沥青等,以及经裂化、催化重整而成的各种产品。主要是在开采、运输、炼制及使用等过程中流失而直接排放或间接输送入海,是当前海洋中主要的、且易被感官觉察的污染物。

近年来我国近海船舶溢油事件接连发生。据统计,1973—2006 年,我国沿海共发生大小船舶溢油事故 2 635 起,其中溢油 50 吨以上的重大船舶溢油事故共 69 起,总溢油量 37 077 吨,平均每年发生两起,平均每起污染事故溢油量 537 吨。

1999—2006 年,我国沿海还发生了 7 起潜在重特大溢油事故。如 2001 年装载 26 万吨原油的"沙米敦"号进青岛港时船底发生裂纹;2002 年在台湾海峡装载 24 万吨原油的"俄尔普斯·亚洲"号因主机故障遭遇台风遇险;2004 年在福建湄洲湾两艘装载原油 12 吨的"海角"号和"骏马输送者"号发生碰撞;2005 年装载 12 万吨原油的"阿提哥"号在大连港附近触礁搁浅。2011 年蓬莱 19 - 3 油田发生溢油事故,不仅影响了沿海的水产养殖业,并且对渤海脆弱的生态系统产生严重的危害。

石油污染对海洋环境和生态会产生严重的损害。首先,大面积的油膜减少了太阳辐射投入海水的能量,阻隔了海气的相互作用,直接影响海洋植物的光合作用和整个海洋生物食物链的循环,从而严重破坏了海洋环境中正常的生态平衡。其次,石油污染大大降低了海洋生物摄食、繁殖、生长等方面的能力,破坏了细胞的正常生理行为,使许多海洋生物的胚胎和幼体发育异常。油液极易堵塞海兽、鱼类的呼吸器官,使其窒息而死；海鸟羽毛沾上油污后，会失去隔热能力，使体重增加而下沉死亡。此外，大量的溢油漂移到近海养殖区，会给海水养殖业带来灭顶之灾。溢油在风、浪和潮汐的作用下涌向海岸和潮间带，会对潮间带生态系统产生直接破坏，海洋生态系统中的脆弱环节一旦受到损害，几十年都难以恢复。海岸和潮间带的溢油经过风化、光解，在潮汐作用下向近岸海水中缓慢释放会对海域产生长期污染。

3.6　其他污染物质

除了上述来源的污染物质之外，还有很多污染物质进入海洋。例如，来自大气传输的黑炭、放射性污染物质、火山物质、沙尘物质、酸雨等，这些物质也会污染海洋环境。这些物质由于不是人类活动造成的，也没有办法治理。但是，通量监测要能够区分出这些物质，避免将这些物质错误地归类于人类活动造成的污染。

固体废物是非常重要的海洋污染物，主要包括工程残土、城市垃圾及疏浚泥等。这些固体物质进入海洋后基本不改变形态，继续以固体方式存在，但经过腐蚀、生物分解等过程成为海洋中污染物质的新来源。大量漂浮性固体污染物质长期滞留在海面，破坏海滨自然环境及生物栖息环境。

海上交通运输除带来溢油和危险化学品泄露的风险和污染外，压舱水的排放也会导致外来生物的入侵，许多外来生物由于缺少抑制其快速生长的"天敌"，对当地生物产生危害，使近海生态平衡遭到破坏。

海上石油开发活动除可能带来石油污染外，其生产活动中产生的水基钻井液和水基钻井液钻屑、非水基钻井液钻屑、生

活污水和固体垃圾等也会给海洋环境带来重金属和 COD 等
污染。

海洋污染派生的产物也可能成为新的污染物质。赤潮是大
家熟知的海洋污染派生物。浒苔也是由于海洋富营养化的产
物。浒苔本身不是污染物，只是一种海洋生物。但当其大范围
生长后可以污染漫长的海岸线，对沿海环境造成巨大的负面
影响。

海洋生态环境变化会导致很多海洋生物异常繁殖，例如：
在有些年份，渤海的海蜇会大量繁殖。由于其旺发对人类无害
甚至有利，人类乐见其成，不当做污染现象对待，但其性质与
赤潮和浒苔无异。

3.7　海洋污染防范的重点

我国海洋环境受到海洋污染的严重威胁，尤其在渤海，海
水交换不畅，海洋污染更为严重，海洋生态系统脆弱，海洋经
济发发可危。在上面各节介绍的众多污染物中，需要重点防范
的是以下各类污染参数。

（1）氨氮

氨氮是指以氨或铵离子形式存在的化合氨，主要来源于人
和动物的排泄物，农用化肥也是氮的重要来源。另外，氨氮还
来自化工、石油化工、化肥、冶金、炼焦、煤气、油漆、染
料、鞣革等工业废水中。当氨溶于水时，其中一部分氨与水反
应生成铵离子，一部分形成水合氨，也称非离子氨。离子氨相
对基本无毒，而非离子氨是引起水生生物毒害的主要因子。氨
氮是水体中的营养素，可导致水富营养化现象产生，是水体中
的主要耗氧污染物，对鱼类及某些水生生物有毒害。

（2）石油

主要来源于石油的开采、炼制、储运、使用和加工过程。石油类污染对水质和水生生物有相当大的危害。漂浮在水面上的油类可迅速扩散，形成油膜，阻碍水面与空气接触，使水中溶解氧减少。油类含有多环芳烃致癌物质，可经水生生物富集后危害人体健康。

（3）化学耗氧量（COD）

是指化学氧化剂氧化水中有机污染物时所需氧量。化学耗氧量越高，表示水中有机污染物越多。水中有机污染物主要来源于生活污水或工业废水的排放、动植物腐烂分解后流入水体产生的。水体中有机物含量过高可降低水中溶解氧的含量，当水中溶解氧消耗殆尽时，水质则腐败变臭，导致水生生物缺氧，以至死亡。

（4）生化需氧量（BOD₅）

生化需氧量也是水质有机污染综合指标之一，是指在一定温度（20℃）时，微生物作用下氧化分解所需的氧量。其来源、危害同化学耗氧量。

（5）挥发酚

水体中的酚类化合物主要来源于含酚废水，如焦化厂、煤气厂、煤气发生站、石油炼厂、木材干馏、合成树脂、合成纤维、染料、医药、香料、农药、玻璃纤维、油漆、消毒剂、化学试剂等工业废水。酚类属有毒污染物，但其毒性较低。酚类化合物对鱼类有毒害作用，鱼肉中带有煤油味就是受酚污染的结果。

（6）汞

汞（Hg）及其化合物属于剧毒物质，可在体内蓄积。水体中的汞主要来源于贵金属冶炼、仪器仪表制造、食盐电解、化工、农药、塑料等工业废水，其次是空气、土壤中的汞经雨水淋溶冲刷而迁入水体。水体中汞对人体的危害主要表现为头痛、头晕、肢体麻木和疼痛等。总汞中的甲基汞在人体内极易被肝和肾吸收，其中只有 15% 被脑吸收，但首先受损是脑组织，并且难以治疗，往往促使死亡或遗患终生。

（7）氰化物

氰化物包括无机氰化物、有机氰化物和络合状氰化物。水体中氰化物主要来源于冶金、化工、电镀、焦化、石油炼制、石油化工、染料、药品生产以及化纤等工业废水。氰化物具有剧毒。氰化氢对人的致死量平均为 50 微克；氰化钠约 100 微克；氰化钾约 120 微克。氰化物经口、呼吸道或皮肤进入人体，极易被人体吸收。急性中毒症状表现为呼吸困难、痉挛、呼吸衰竭，导致死亡。

3.8　指示性污染物质或参数

在第 1 章中，我们介绍了我国现行的海洋水质标准，即《中华人民共和国海水水质标准》（GB 3097 – 1997）。该标准于 1982 年 4 月 6 日发布，并于同年 8 月 1 日起实施，它适用于中国国家主权所辖一切海域。

该标准是按照海洋的使用功能制定的，将海水质量分为四类：第一类适用于海洋渔业水域，海上自然保护区和珍稀濒危海洋生物保护区。第二类适用于水产养殖区，海水浴场，人体直接接触海水的海上运动或娱乐区，以及与人类食用直接有关的工业用水区。第三类适用于一般工业用水区，滨海风景旅游区。第四类适用于海洋港口水域，海洋开发作业区。

（1） 海水水质标准中规定监测的污染物质

确定水质需要监测的物质共计 35 类 39 种，也就是说，如果某海域水质为一类，则这 39 种物质都要达到指标。如果某种物质达不到标准，则水质就降低，或者说由于这种物质超标导致水质降低。

这 39 种物质可以分为以下几类：

基础海洋环境参数 3 种：水温是热污染的指标。pH 是酸、碱性物质排放的指标。溶解氧对海洋生物非常重要，是海洋健康的指标，也指示了有机物排放的环境效应。

病原微生物 3 种：大肠菌群和粪大肠菌群来自人类的排泄物，病原体来自人类或海洋生物。

重金属 8 种：汞、镉、铅、六价铬、总铬、铜、锌、镍，主要来自工业污染物。另外，砷和硒并不是金属，但与其他重金属同一来源。

农药 4 种：六六六、滴滴涕、马拉硫磷、甲基对硫磷。这几种农药代表了有机氯和有机磷两种主要的农药品种。

石油污染物 1 种：石油类，主要测量海水中石油的含量，而没有涉及石油的组分。

无机污染物 6 种：无机氮和活性磷酸盐主要来自未被吸收的化肥和饵料。非离子氨来自工业废水，是引起水生生物毒害的主要因子。挥发性酚来自多种工业废水，对人和生物都有毒性。氰化物主要为电镀、洗注、油漆、染料、橡胶等工业使用，有很强的毒性。硫化物来自矿床开采，对海洋生物有一定的毒害。

有机污染物 4 种，包括：苯并（a）芘（BaP）来自工业生产过程，被认为是高活性致癌剂。阴离子表面活性剂主要来自洗涤剂。化学需氧量（COD）和生化需氧量（BOD_5）都是海水中有机污染物含量的指标。

不溶解污染物质有漂浮物质和悬浮物质两种，漂浮物质主要指漂浮在海面上的固体物质，悬浮物质主要是指密度与海水相当，能够悬浮在海水中一起运动，但又不溶解于水的物质。这两种物质的来源广泛。

放射性物质 5 种: ^{60}Co（钴）、^{90}Sr（锶）、^{106}Rn（氡）、^{134}Cs（铯）和 ^{137}Cs（铯）。这些物质主要来自核武器试验、核舰船废水排放和核电站泄露。

影响视觉和味觉的物质 1 种，即：色、臭、味，概括了能引起海水颜色和气味改变的已知或未知污染物。

（2）指示性污染物质及参数

虽然本章列举了海洋中大量的污染物质，但不论监测能力如何进步，全面监测所有污染物质是不可能的，枚举所有的污染物质也不是污染监测的首选。污染监测的关键是抓好指示性污染物质的监测。

所谓指示性污染参数，就是指这种参数代表的物质与其他污染物质有密切联系；监测这种物质的含量，就可以代表对多种污染物的监测，不仅起到事半功倍的效果，而且能对污染物质的监测有很好的涵盖作用。

例如：COD 和 BOD 就是监测有机污染程度的非常有用的指示性参数，他们利用了有机污染物质在分解过程中都消耗氧的特点，不去分类监测各种有机污染物，而是作为综合性指标，指示有机污染的程度。pH 也是一个重要的指示性参数，体现排放不同种类酸、碱物质的综合效果。

在海洋环境科学中，需要通过科学研究，筛选出更多的指示性物质或参数，用以提高海洋水质监测的效率，更好地表达海洋水质。筛选并确定指示性污染参数，需要高水平的基础研究成果，需要有效的检测技术，需要长期的努力。

通量监测与对指示性污染物质的监测并不矛盾，对指示性物质的监测也会提高通量监测的效率，降低监测成本。需要在水质监测的基础上，加强对指示性参数的研究与开发，形成对形形色色污染物质的有效监测能力。

指示性污染物质或参数的监测有一个缺点，就是代表性强势必带来具体性差，难以通过一个指示参数确定具体的排污单位。由于通量监测的目标是确定监测海域的排污总量，最好的结果是确定排污总量的同时还能够确定排放的是什么物质，由此就容易查找到污染源。因此，通量监测系统除了监测各种指示性污染物质之外，也欢迎各种对单一物质或单一参数的监测技术加盟通量监测，以实现通量监测一举多得的目标。

发展《海水水质标准》内 39 种参数之外的参数虽然并不能被各种标准及时采纳，但通量监测未来将制定通量监测标准。通量监测标准将规定监测参数和手段，并逐渐增加和完善。另外，海洋排污具有区域性特点，和当地的工业、农业、矿业都有密切关系，发展有特色的监测技术不仅是必要的，而且将是通量监测过程中需要鼓励和推动的工作。

第4章
可用于浮标监测的仪器

污染物质固然是问题，但更大的问题是对污染物质的监测能力。一种污染物质存在，而且有很大的危害，但如果不能监测到，人们就无法了解这种物质，或者不能量化这种物质，也就只能听任这种危害的继续存在。因此，监测能力不仅是污染监测的关键，更是污染治理的关键。监测能力取决于两样东西，一样是监测技术，一样是监测手段。

监测技术是如何能定量识别污染物质的关键技术，是把识别污染物质的理论原理具体应用的方法，是基础研究成果与技术发展共同进步的结果。由于很多污染物质的识别具有相当的技术难度，监测技术本身属于高技术范畴。发展识别污染物质的关键技术是全社会科技人员的职责所在，需要不间断地发展监测技术，发展和改进对污染物质的监测能力。

监测手段是监测技术的载体，包括传感器、仪器和各种其他装备。一个监测技术可能是成功的，但其载体可能是不可用的。需要开发便于使用的载体，使监测技术成为监测能力。海洋监测仪器从实现监测的原理样机到可以应用于实际监测的仪器有很长的路要走，需要解决技术的可靠性、环境的适应性、应用的稳定性等方面的问题。

通量监测的基础是监测手段，没有有效的监测手段，通量监测只是美好的构想。通量监测会随着监测手段的进步而变得更加实用。

最有效的监测手段是传感器，传感器可以搭载在各种装备上进行监测，避免了仪器分析的大量劳作。能够有一个简单的传感器进行监测是科学家梦寐以求的事。在海洋监测技术领域，海洋动力学参数有很多种传感器，但监测环境参数的传感器则少之又少。

海洋环境参数的分析主要靠仪器，仪器的持续发展使得很多参数都可以在实验室获得。但是，很多仪器只能在条件适宜的实验室中四平八稳地进行分析。如果要想将仪器带到现场进行监测，很多仪器不能正常工作，只有少数参数可以用船载仪器进行分析。突破仪器的局限，将更多的仪器带到海上，是实现通量监测的另一个关键问题。限于原理上的原因，有些参数的获取无法用传感器，未来很长时间还只能用仪器进行分析。通量监测不仅要使用适宜的传感器，还要使用仪器。

因此，通量监测需要以浮标为载体，要开发出适宜于浮标上使用的自动监测的仪器和传感器，并需要研制为浮标仪器提供服务的上水、排水管路和自动控制系统。本章将重点讨论国内外现有的监测仪器和传感器，认识通量监测可用的手段。

4.1　浮标实验室的技术基础

世界上迄今还没有真正业务化运行的浮标实验室。浮标实验室还只是一直以来的构想，并没有成为现实。但是，我国对于浮标实验室的探索早已开展起来，并且形成了基本完善的浮标实验室技术基础。

作为浮标实验室技术基础的是"十五"863计划支持研发的一条生态集成船。当时我国的海洋环境污染日益严重，迫切需要改变"海上取样、实验室分析"的监测格局，决定发展

"现场取样、现场分析、全自动运行"的船载技术体系。经过5年的研发，完成了13套船载生态仪器的研制，并集成到国家海洋局北海分局的"中国海监21"船上，建成了"船载海洋生态环境现场监测集成示范系统"，由用户单位国家海洋局北海分局牵头，开展船载系统的集成工作。

该系统在两个方向全面发展，一是船载集成系统，一是船载仪器系统。船载仪器系统将在下节介绍。

船载集成系统包括相应的硬件与软件研发，并最终集成为有特定功能的整体。硬件系统包括：由水下清洁采样潜水泵和水样池组成的自动采样系统，由系列管路和百余个自动控制阀门组成的自动进样、分配、冲洗、废水回收系统，仪器自动分析的主控计算机系统，为仪器提供电力的配电系统，远程实时通信与数据传输系统。这些系统几乎与浮标需要的硬件系统完全一致。

图4.1 海洋监测集成船"中国海监21"

软件系统包括：船载系统的自动主控软件，电力管理软件，数据采集与管理软件，信息加工与处理软件，数据传输软件，现场演示软件，所有仪器的综合管理等。系统按照作业流程、分配的作业时间运行，有些仪器按先后顺序运行，有些可以并行运行，使整个系统有序作业。

系统的发展并不顺利，刚开始几乎所有的仪器都达不到联调的要求，大部分仪器没能在规定的时间完成样品分析，有些仪器在陆地上好用，到船上就出问题。船上有来自不同单位的13台仪器，却只能搭载5名技术人员，有些仪器在船上不能得到及时维护，导致一个航次下来半数仪器不能工作。但是，参加工作的科技人员意识到，这些问题是发展中的问题，随着应用过程的进展，许多技术问题都能够得到解决，用户自己的技术人员也会培养和锻炼出来，这个系统就会逐步达到设计要求。2005年，船载系统开展前所未有的覆盖全渤海的5个航次的考察，促进这些技术在应用的过程中发展完善，逐步走向成熟。

这个船载系统使我国的海洋环境监测技术跨越了三大步。第一步，将一些还不成熟的生态与环境监测技术发展起来，成为可用的实用技术。第二步，将这些技术发展成适应船载恶劣条件下使用的技术。第三步，将船载系统进行业务化运行。

集成船的建设为未来的浮标建设提供了宝贵的经验。系统的建设分为集成课题和仪器研发课题。集成课题建设了公共平台，解决平台上的共用技术，形成海上现场监测能力。而仪器研发课题集中精力发展各自的技术，提高仪器的精度和可靠性。这种技术人员的合理分工保障了船载技术的发展。

未来的浮标建设情况类似，没有哪个单位能够承担所有的技术，还是要采用分工协作的方式，建成可用的通量监测系统。

4.2　船载现场分析技术

海洋监测仪器发展到浮标使用的技术有几大步要走。首先，由于海水有较高的盐分，导电性强，海洋仪器的开发有特殊的困难。大多数在淡水中应用良好并稳定工作的仪器，在海水中完全不能用。海洋仪器大多要采用能够克服盐分影响的技术，因此，与淡水环保仪器相比，海洋仪器种类少，而且价格昂贵。

 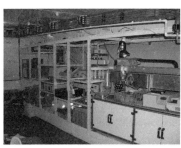

仪器舱左舷　　　　　　　　　　　仪器舱右舷

图 4.2　"中国海监 21"船的仪器舱

很多海洋仪器都是在实验室使用的。船载系统对仪器有更高的要求。船上摇晃和震动都很严重，有些需要平稳条件才能使用的仪器在船上无法工作，需要发展出耐振动、抗摇晃的仪器。很多仪器受原理的限制，分析一个样品需要很长时间，而船载仪器需要快速，所有的样品分析时间都要限制在 20 min 之内，只有个别生物传感器除外。船上空间狭小，需要仪器结构紧凑，高度集成，有些需要大量辅助设备的仪器无法上船。另外，船上可容纳的人员少，要求尽可能自动化取样与分析。

这些苛刻的条件使许多陆地实验室的已有技术不能登船。浮标由于是无人值守，比船用仪器的要求还要高，不仅要求全部自动分析，而且还要能够远程调控。

前面提到，船载系统是浮标实验室的重要技术基础，其硬件技术体系和应用软件系统都可以移植到浮标实验室，支持通量监测技术的发展。在船载系统上运行的仪器是技术的核心，浮标与船的条件相似，浮标上使用的仪器也可以借鉴船用仪器。

在国家 863 计划及相关计划的支持下，我国的海洋生态环境监测技术取得了长足的进展。海洋有机污染物检测能力显著增强，检测范围不断扩大，许多高新技术得到了较快发展和应用；海洋致病微生物检测核心技术已初步形成较系统的技术体系；赤潮遥感技术处于国际先进水平；突破了一批船载现场浮游生物监测关键技术，在海洋重金属检测和痕量物质富集与萃取技术上也取得了一批积极成果。

需要监测的生态和环境参数非常多，而实际能用的技术又很少，使得我们必须采用逐步发展的方式开展工作。当时，我们无力全面发展所有的生态环境监测技术，而只能发展最需要的技术。即使到了 10 年后的今天，我们仍然要走这样的"先发展、后完善"的道路。

"十五"期间，我们总投资 2 000 万元，发展了一批进行生态环境参数现场快速监测的仪器，对国家海洋局北海分局的"中国海监 21"船进行了系统化改造，这些仪器最终都集成在船上，并完成了示范试验，形成了对海洋环境的现场监测能力。绝大多数仪器在这个过程中能够可靠运转，成为可以在浮标实验室中工作的技术。这些仪器及其研制负责人见表 4.1。

表 4.1　"中国海监 21"船上集成的自动监测仪器

仪器名称	研制人	最终技术状况
营养盐现场自动分析仪	杜军兰	"十五"863 计划已支持定型
有机污染物光学分析仪	林金明	"十二五"安装在北海分局"中国海监 21"生态监测船进行示范运行
石油污染物监测分析仪	李　伟	完成工程样机
重金属元素富集与分离仪	张淑贞	完成工程样机
重金属元素自动分析仪	王　平	"十二五"安装在北海分局"中国海监 21"生态监测船进行示范运行
海洋致病菌监测分析仪	庄峙厦	完成工程样机
海洋环境腐蚀能力监测仪	王　佳	完成工程样机
赤潮生物基因芯片分析仪	于志刚	"十二五"安装在北海分局"中国海监 21"生态监测船进行示范运行
赤潮生物流式细胞分析仪	焦念志	"十五"863 计划已支持定型
基于氧光导检测 BOD 仪	陈　曦	"十五"863 计划已支持定型
平衡法 BOD 分析仪	王增宝	海洋行业公益专项支持定型
流动注射法 COD 分析仪	张世强	"十二五"安装在北海分局"中国海监 21"生态监测船进行示范运行
臭氧法 COD 分析仪	张　涛	"十五"863 计划已支持定型
有机磷农药监测分析仪	孟范平	完成工程样机研制

　　表中的这些仪器的原理和性能将在后面各节介绍。除了这些仪器之外，我国在"十五"、"十一五"和"十二五"期间还发展了一些能够用于浮标的技术。

　　本章下列各节将汇集并简单介绍这些可用于浮标的技术，

为建设通量监测系统创造条件。本章中以下各节的部分内容取自科技部主编的《海洋高技术进展（2009）》一书关于生态监测的内容。

4.3　基本水质参数传感器

基于原电池测氧原理的溶解氧传感器

国家海洋技术中心研制的溶解氧传感器采用原电池测氧的原理进行设计。水中溶解的氧气透过传感器探头的透气膜，进入电极腔内，在电解液的作用下，与工作和参比两电极发生电化学反应，产生电流，电流大小与溶解氧含量大小成比例。其测量范围：$0 \sim 15$ mg/L，准确度：± 0.2 mg/L，与温度、盐度、pH、ORP 等生态监测参数一起，集成为多参数水质仪，已应用在养殖区水质监测浮标等领域。

基于荧光测量技术和荧光猝灭原理的溶解氧传感器

国家海洋局第一研究所采用低功耗调制的单色性，中心波长为 465 nm 的蓝色发光二极管为激发光源，以铺有钌的有机络和物对溶解氧反应敏感的膜片作为荧光受激物质，受激时发射中心波长为 620 nm 的荧光，在水中溶解氧作用下，发生荧光猝灭效应，猝灭程度与溶解氧浓度之间存在线性关系，测量水体中溶解氧。其测量范围：$0.05 \sim 20$ mg/L，测量精确度：$\leqslant \pm 0.5\%$（F.S），已经通过定型鉴定。

复合电极 pH 传感器

国家海洋技术中心采用 pH 敏感玻璃电极与参比电极构成复合电极形式，当 pH 复合电极浸入被测溶液时，敏感电极、参比电极与被测溶液组成了一个化学电池，这个电池的电动势与溶液中氢离子活度的关系符合电化学理论中的能斯特方程式。其测量范围：0 ~ 14，准确度：±0.2。已应用于"赤潮污染监控区监控预警系统"，进行了为期 3 个月的连续监测。

电位差 pH 传感器

浙江大学采用固态 Ir/IrO_2pH 电极与固态 Ag/AgCl 参比电极构成的电位差传感器，与 pH 值呈现良好的线性关系，直线斜率为 -62.429 mV/pH，截距为 607.97 mV，相关系数 $R_2 = 0.993$。此类电极已在深海热液口探测方面进行了实验。

氧化还原电位（ORP）传感器

国家海洋技术中心研制的氧化还原电位测量传感器由工作电极和参比电极组成，采用金属铂做指示电极，参比电极为 $Ag/Ag - AgCl$，与被测溶液组成了一个化学电池，目前氧化还原电位（ORP）传感器已完成定型鉴定。其测量范围：$-999 ~ +999$ mV，准确度：±25 mV。已应用于养殖区水质监测浮标。

浊度传感器

国家海洋技术中心利用光学散射原理研制了浊度传感器，传感器的发射器与接收器成 90°，中心波长为 880 nm，使用 Formazine 标准液进行标定，传感器已经完成定型。其测量范围：0 ~ 1 000 NTU 准确度：±2 NTU 或读数的 ±5%，取其中较大者。

叶绿素 a 浓度测量传感器

中国海洋大学研制了叶绿素 a 浓度测量传感器。其原理是利用液体中的溶解物质或悬浮有机物质在吸光后所发出的荧光强度与荧光物质的吸收系数、含量及荧光效率有关进行叶绿素 a 浓度测量，目前已经完成原理样机试制。

负二价硫传感器

国家海洋技术中心研制的负二价硫测量基于选择性透气膜电动势原理。硫化氢气敏电极中的指示电极为负二价硫离子选择电极，它所响应的离子活度是被测溶液扩散来的硫化氢气体量的函数。当 H_2S 气体通过透气膜进入探头内腔中，指示电极和参比电极间产生电动式的变化 ΔV，由此推算出海水中负二价硫离子的含量。其测量范围：$10\ \mu g/L \sim 3\ mg/L$，准确度：$\pm 2\%$（测量值）。目前该传感器已完成原理样机，在生态监测项目中试运行。

浙江大学研制适用于测定深海热液口溶解硫化物浓度的新型传感器．以银丝为基材，用含超细银粉的导电聚合物作为中间层，在环氧树脂固化后通过化学反应形成 Ag_2S 层。以新型 Ag/Ag_2S 为工作电极，以 $Ag/AgCl$ 为参比电极，构成溶解硫离子/硫化氢传感器。已完成原理性试验。

CO_2 传感器

国家海洋技术中心、厦门大学和浙江大学基于红外分析原理，将液体中扩散出来的 CO_2，利用光电器件投射光强度变化转换为电信号，经过计算可以准确得出 CO_2 浓度。厦门大学等单位研制的 CO_2 传感器，已经过定型并在锚系资料浮标等载体上应用。

海洋环境腐蚀能力监测仪

中国科学院海洋所研制的海洋环境腐蚀能力监测仪首次提出通过监测海洋环境参数计算和评价海洋环境腐蚀能力思想，并采用软测量和复杂数据处理现代高技术成功研制了国际第一台 MCM-03 海洋环境腐蚀能力现场监测系统工程样机，成功实现了硫酸盐还原菌快速现场原位监测，有较好的实用价值。

多参数水质监测仪

由国家海洋技术中心研制的多参数水质仪可用于实时在线式水质监测和自容式水质长期监测，也可用于突发性污染事故的应急监测。仪器可以测量以下参数：温度、电导、pH、ORP、深度、溶解氧、蓝绿藻、叶绿素、罗丹明、浊度。溶解氧、蓝绿藻、叶绿素、罗丹明、浊度采用荧光法测量，并且每个单独的传感器都带有自动清洁刷，可实现自动清洁功能。

4.4　营养盐监测技术

营养盐是海洋中最重要的参数，许多生物化学过程与营养盐含量有关。营养盐含量有自然因素形成的，也有人类排放的生活污水和养殖污水有关。实验室的营养盐分析仪器技术成熟，但其需要的使用条件严格，无法在船上使用。

营养盐现场自动分析仪

国家海洋技术中心研制了水下营养盐自动分析仪，符合船用仪器的条件，实现了在线分析。营养盐种类很多，具有代表性的有 5 种：硝酸盐、亚硝酸盐、磷酸盐、硅酸盐、氨氮。这 5 种营养盐可以代表海水中营养盐的整体状况。船用营养盐分析仪采用的是缩微的实验室技术，配备有试剂袋、柱塞泵、水下过滤器、反应器等部件。经过海洋现场试验考核，分析仪经受了低温、风浪冲击、剧烈摇摆的考验，工作正常，测量稳定，操作简单、维护方便。该仪器最后通过定型，成为可以在线使用，也可以单独使用的仪器。微缩实验室技术虽然可用，但毕竟是没有办法的办法，需要发展新的分析原理，形成更加简便、快速的营养盐分析技术。该项技术已经过"十五"863

组织的定型和海洋公益性行业科研专项支持的产品化，技术成熟度较高，已经部分应用于国家海洋局海洋台站的业务化监测中。

营养盐现场光学监测技术

厦门大学研制了基于分光光度法的营养盐测量样机，初步解决了长光程液芯波导、试剂自动配置、防污染及自动数据采集等技术，样机的水平达到了毫摩尔量级，为工程样机研制奠定了基础。

营养盐自动分析仪

四川大学研制的营养盐自动分析仪可以同时分析硝酸盐、亚硝酸盐、磷酸盐、硅酸盐等4种营养盐要素，整个测量系统采用流动注射法，并引入自动参比法减小盐度干扰。实现了被试水样、氧化剂、显色剂通过蠕动泵自动输送，进样、氧化、还原和显色反应自动控制。该项技术已通过定型。

4.5 重金属污染物监测技术

传统重金属元素分析采用石墨炉原子吸收法，需要超洁净实验室和笨重的装备。由于传统分析方法无法应用到浮标条件，现场使用的重金属分析仪器要求摆脱实验室分析技术的局限，在原理上创新，实现分析仪器的小型化和微型化，提高仪器自动化和智能化水平，努力提高海洋重金属检测的灵敏度。

重金属元素富集与分离仪

中国科学院生态环境研究中心研制了一种双通道同时分离与富集海水中重金属元素的装置，是基于巯基棉纤维分离与富集固相微柱的现场分离、富集海水中重金属元素的双通道自动化控制装置，可以同时分离与富集海水的多种金属元素，实现了自动控制进样、富集、洗脱流程。已完成工程样机研制并进行了海试。

重金属元素自动分析仪

浙江大学研制了用于海水中痕量重金属在线分析的检测仪器，仪器使用多种测量技术（硫属玻璃电极，差分脉冲溶出伏安法和光寻址电位传感器）联用测量 9 种重金属元素，具有全自动测量，适合现场检测，可扩展性好，可靠性高等特点，已实现全自动完成所有进样、测试、废液排除和清洗过程，进行了海上试验。

海水金属元素自动分析仪

四川大学研制的海水金属元素自动分析仪采用流动注射法或在线浓缩 - 流动注射分析联用方法进行在线浓缩，采用可见光检测器自动检测金属元素与显色剂生成的有色络合物的吸光度，能够同时检测铜、锌、镍、铬等金属参数。该项技术已通过定型。

便携式海水重金属元素测量仪

山东省科学院海洋仪器仪表研究所研制了一种适用于海水重金属元素现场、实时监测的分析仪器。仪器采用质谱原理，可实现对铅、汞、镉、铁、锌、锰、铜、铬、砷等多种重金属元素的监测。仪器具有体积小、通用性强、抗恶劣环境干扰、便于自动化等优点，已完成工程样机的研制。

电化学技术在重金属离子检测中的应用及其便携式现场检测仪器

中国科学院烟台海岸带研究所离子选择性电极（ISE）可用于自然水体中重金属离子的现场检测，但其在海水中重金属检测时，稳定性、选择性和使用寿命不高，有待完善。通过对低检出限 ISE 在海水中的响应特性进行研究，在抑制海水检测中干扰离子的影响、消除海水基体效应、提高海水分析化学离子选择性电极膜对痕量重金属离子响应的灵敏度和选择性等方面，取得了具有重要的理论和方法上的创新，形成了可以快速测定的传感器样机。

分子光谱技术在重金属离子检测中的应用及便携式现场检测仪器

中国科学院烟台海岸带研究所通过高选择性、高灵敏度的有机试剂领域持续创新探索，利用有机试剂与重金属离子作用后产生的光吸收信号和荧光信号等，针对不同重金属离子创新设计的高选择性的有机探针，通过高灵敏度的显色（分光光度检测），荧光淬灭/增强（荧光检测）以及拉曼增强（拉曼检测），从而在实现某一种离子或者多种离子的快速、灵敏检测等方面，取得了具有重要的理论和方法上的创新。

4.6　有机污染物监测技术

近年来，海洋有机污染物检测技术取得了长足的进步，朝着多样化发展，检测范围不断扩大，检测能力有所增强，分析灵敏度逐渐提高。除了传统的色谱技术，基于免疫反应、化学发光、生物技术、仿生技术等的海洋有机污染物快速检测方法也受到重视，一些便携式仪器实现了海洋有机污染物的原位、在线、快速监测。这些技术进步可以满足对常规海洋有机污染物的检测。一些新的重要海洋有机污染物还缺乏相应的检测方法、技术和小型化仪器设备。

流动注射法海水 COD 在线监测仪

该项技术由国家海洋技术中心开发，将海水 COD 测量的规范方法（碱性高锰酸钾法）与流动注射分析技术相结合，开发出海水 COD 快速测量装置。突破了常温催化反应工艺和应用色谱分离技术消除碱性沉淀干扰等关键技术。测量结果与规范方法有很好的一致性。测量范围：0.5 ~ 10 mg/L，检测限：0.5 mg/L，检测精度：± 0.2 mg/L，测量周期：10 分钟。该项技术目前完成工程样机，并在"中国海监 21"船上进行了海试试验。

臭氧法海水 COD 测量仪

该项技术为山东仪器仪表研究所由俄罗斯引进，完全摒弃了传统的碱性高锰酸钾法，采用了新的氧化剂—臭氧，其优点是反应速度快和测量不需要试剂，臭氧通过电离方法产生。该项技术已经通过国家 863 计划组织的产品定型。

海水 COD 测量仪

四川大学在国内开展了海水 COD 测量技术的探索研究，氧化步骤与标准方法相同，而检测方法采用的是光度法检测氧化剂（反应物）的浓度变化。该项技术已经通过国家 863 计划组织的产品定型。

生物氧化平衡法海水 BOD 快速测量仪

该仪器由国家海洋技术中心研发，以生物反应器作为仪器的核心部件，解决了海水微生物复合菌群培养和着床固定、生物反应器和搅动生物床的结构优化设计等技术难点；解决了生物反应器的长期稳定性、实现了海水 BOD 现场快速自动测量。检测限：1 mg/L，量程：1 ~ 10 mg/L，重现性：±15%，测量周期：60 分钟。

基于氧光导检测海水中BOD的生物光纤传感器

该仪器由厦门大学研发,用微生物膜电极法测量 BOD。研制工作中,开发了耐海水的微生物膜及保存技术,研制了溶解氧光纤传感器工程样机,实现了海水 BOD 现场快速自动测量。

有机污染物光学分析仪

中国科学院海洋所生态环境研究中心研制了通过光学原理分析海水中有机污染物的含量的仪器。仪器采用高灵敏度化学发光、荧光检测技术,结合最新的化学发光流通池芯片技术,突破了海水复杂样品中痕量酚高灵敏度、快速检测的关键技术,研制了海水有机污染物发光检测仪,用于船载现场海水有机污染物的在线检测。对海水中有机污染物黄色物质和酚类的测定灵敏度可达 $0.01 \sim 0.05$ mg/L,并具有良好的准确度。该仪器结合芯片制作技术和芯片微隧道分离分析方法,集海水样品前处理、分配、检测和数据处理于一体,其特点是小型、性能稳定,可全自动的在线监测海水中的黄色物质和酚类,并可以通过远程操控的命令进行化学分析和测定,实现了命令接受、反馈、执行、数据自动处理、存储、发送以及历史数据的自动保存。

大容量海水痕量有机污染物在线富集技术

延边大学开展了大容量海水痕量有机污染物在线富集技术得研究,以喷雾技术、分子涡流和超声技术为基础,开发了大容量海水中的痕量有机污染物在线富集技术,可以在短时间内有效地同时完成大容量海水的萃取、富集、分离及浓缩等前处理工作,大大提高了海洋有机污染物检测的效率,已完成了海水中的有毒有机污染物的分析试验,并且进行该分析技术和其他分析技术的比较研究，取得较好的效果。

4.7　农业污染物监测技术

有机磷农药监测分析仪

中国海洋大学以预先筛选的鲅鱼乙酰胆碱酯酶（AChE）为敏感材料，通过直接共价法将其固定于 CNBr 活化的 Sepharose 4B 凝胶上，所制备的固定化酶在缓冲溶液中具有高催化活力、高稳定性等优点，研制了基于固定化 AChE 的酶传感器，并将其引入流动注射系统中，通过蠕动泵连续输送海水样品，以增强有机磷农药对固定化酶的抑制作用；同时利用次氯酸钠溶液预先处理海水样品，使其中的目标农药转化为相应的氧化同系物；然后比较了两种复活剂（2 - PAM 和 TMB - 4）对受农药抑制后的固定化酶活性的恢复效果。本研究的成果对今后开发海水有机磷农药自动、连续、快速监测的技术和研制相应的分析仪器具有重要的借鉴作用。已完成工程样机的研制。

仿生传感技术在海洋有机污染物检测中的应用

国家海洋局第一海洋研究所开展了仿生传感技术在海洋有机污染物检测中的应用研究，实现了有机磷农药、有机氯农药、氯酚类化合物以及多氯联苯分子印迹聚合物的制备，并结合多种传感器实现了海水中重要有毒有机污染物的仿生识别与检测。

典型海洋有机污染物标准物质制备

国家海洋环境监测中心利用反相高效液相色谱、毛细管气相色谱等技术实现了多种有机磷农药、多氯联苯、有机氯农药标准品的制备，降低了海洋农业有机污染物检测的成本。

4.8 石油污染物监测技术

石油污染物监测分析仪

国外利用石油在近红外谱段的发射能力来监测石油物质的传感器已经开发多年，而且很可靠。但是，国外的产品要多种仪器同时做，而且没有现场使用的产品。国家海洋局第一海洋研究所研制了基于红外探测技术的石油污染物监测分析仪，完成了工程样机，可以实现对石油污染物的快速检测，包括海水表面溢油（原油、汽油、柴油、机油、润滑油）、表层水体油，报告溢油种类和水体油浓度。仪器的检出限为0.1 mg/L。测试偏差：1~10 mg/L偏差小于30%，10~50 mg/L偏差小于15%。建立了不同区域石油和成品油的大型图谱库，可识别石油污染物的来源。可以用于船载或在线监测。

4.9 致病微生物/毒素监测技术

目前我国海洋致病微生物的监/检测已初步形成较系统的技术体系，在副溶血弧菌的免疫传感器技术、大肠杆菌单管定量检测技术、典型海洋致病微生物的免疫学和分子生物学检测技术、致病微生物的芯片检测产品及评价技术等方面都取得了较大进展。大多数技术成果在检测灵敏度、仪器稳定性和可重复性等方面都还需要进行大量的实验验证和技术上的改进完善，才能实现产品定型、生产和应用。

海洋致病菌监测分析仪

厦门大学建立了一种用于水体中副溶血弧菌、河弧菌和大肠杆菌定量检测的蛋白微阵列免疫分析法。以 Cy3 标记免疫球蛋白（IgG）为探针，蛋白芯片为载体，对孵育反应的 IgG 浓度、反应时间和温度等条件进行了优化，具有快速、操作便捷、高通量检测等特点；副溶血弧菌、河弧菌和大肠杆菌的检出限分别为 9.9×10^4 个/mL、9.3×10^4 个/mL 和 3.9×10^5 个/mL；已完成工程样机研制，并进行了海上试验。

海洋致病微生物在线监测技术

厦门大学研制的生物传感器和厦门大学免疫蛋白阵列船载系统在监测海洋致病微生物方面，方便快捷，但灵敏度差。而且现有仪器稳定性不高、操作较复杂、监测成本高，需要进一步研究和改进。

海洋致病微生物的免疫学和分子生物学检测技术

国家海洋环境监测中心开发的海洋致病菌微生物的免疫学和分子生物学检测技术相关技术已在海洋生态灾害调查（国家 908 专项）中得到了实际应用，并完成了上千份样品的检测。进一步完善技术，开发相关的试剂盒等检测产品，将具有良好的应用前景。

海洋生物毒素检测技术

国家海洋环境监测中心利用电泳技术、高效液相色谱 – 质谱技术，建立了赤潮毒素等海洋生物毒素的仪器检测新方法。同时建立了腹泻性贝毒、麻痹性贝毒、神经性贝毒、遗忘性贝毒等贝类毒素的快速免疫检测新方法。目前，这些方法进入浮标还有难度。

高纯度藻毒素制备

国家海洋环境监测中心通过对毒素分离纯化流程的优化与改进，目前已成功制备了麻痹性贝毒毒素 GTX1，4 和 GTX2，

3 约 1 mg，通过高效液相色谱对产品的分析结果表明，其纯度可以达到98％以上，为毒素检测提供标准物质。

麻痹性贝毒和腹泻性贝毒的成功分离与纯化

国家海洋环境监测中心建立了应用室内培养的有毒藻细胞分离纯化麻痹性贝毒和腹泻性贝毒的方法，制备了一定量高纯度的麻痹性贝毒和腹泻性贝毒毒素，制品已在部分监测和科研单位得到初步应用。

4.10　赤潮与浮游植物监测技术

利用水色遥感可对能够产生特征光谱的浮游藻类进行有效的快速监测，但对于不能遥感的浮游植物和浮游动物却无能为力，并且遥感监测范围只局限于表层水体。因此，需要研究现场浮游生物监测技术，用于浮游生物的现场快速检测，特别是赤潮生物的快速现场检测。

浮游生物的现场实时监测技术较为薄弱，尤其缺少大面积立体空间的水下实时成像监测装置；监测目标重点是微型浮游生物（藻类），对于小、中、大型浮游生物（2～20 mm），特别是浮游动物、鱼卵及仔鱼的监测工作，还非常有限。在浮游生物图像的快速分析与自动识别方法的研究落后于发达国家。我国现有的浮游生物监测技术有：

基于双特异分子探针技术的赤潮藻自动化分析仪

中国海洋大学发明了双特异分子探针技术和赤潮藻自动分析仪的研制。"双特异分子探针"技术是通过鉴定核糖体 RNA 的特征序列和数量来实现浮游植物的的定性定量，方法具有很高的种特异性，易于拓展。目前已经设计了 20 余种常见藻类的分子探针并建立了相应的定量检测方法。结合自动生化反应工作站，课题组还研制了基于双特异分子探针技术的赤潮藻自动分析仪，实现了对我国北方海域十余种优势藻和赤潮多发藻种类和数量的快速准确鉴定。双特异分子探针技术的赤潮藻自动分析仪可以相对廉价的获取大量、实时、连续的观测数据，有着较好的应用前景，可以为海洋生态学研究、环保部门对生态系统的分析、评价和对赤潮的预测、预警，以及政府部门的综合决策提供强有力的工具。

船载现场赤潮生物流式图像监测仪

厦门大学实现了流式细胞分析仪与显微成像技术的结合，研制了船载赤潮生物的现场监测仪，在船基实验室内可对小于100 微米（微型浮游生物）的藻类进行快速检测。流式图像监测技术是流式细胞技术和显微成像技术的结合，流式细胞技术提供定量检测的平台，实现快速准确的记数。而显微成像技术具有分类学形象、直观的优点。通过对这两个技术的结合，达到了同时对赤潮生物进行识别和快速定量的目的。建立了叉角藻、红色裸甲藻、海洋卡盾藻、三角角藻、海洋原甲藻、亚历山大藻 6 种赤潮生物的专家数据库，形成了这几种赤潮生物的快速识别，实现了对赤潮生物的监测能力。检测速度 10 ~ 100 cell/s，定量误差 15% ~ 30%。该成果超过国外现有技术的水平，首次实现赤潮生物的现场监测，是具有重大原始创新的技术成果。

有毒亚历山大藻分子生物学检测技术

中国科学院海洋研究所针对我国近海亚历山大藻，在核糖体 RNA 部分基因序列测定、比对的基础上，设计了寡核苷酸探针，建立了有毒亚历山大藻细胞荧光原位杂交检测方法，成功应用于长江口邻近海域有毒链状亚历山大藻的检测。

显微图像自动识别技术

厦门大学通过运用统计空间分析和基于图像内禀性模式结构的塔式图像分解和图像分割方法，对藻类显微图像进行自动识别研究取得了较好的结果。建立了基于藻类形态学特征对浮游植物进行识别的技术框架；建立了基于 FLOWCAM 的硬件体系，增强其后端图像处理能力，实现了对部分藻类的识别。

水下数字显微成像仪

国家海洋技术中心研制了水下数字显微成像仪，该装置采用放大倍数为 1 000 倍的显微镜头，可以对小于 100 微米（微型浮游生物）的浮游藻类进行成像监测，采用间歇工作方式，适于水下原位、非连续的成像监测与计数。可以将图像和数据发回岸站进行分析。

水下中、小型浮游生物可视监测技术

中国海洋大学通过中小型浮游动物现场监测技术研究，研制出可搭载在水下运动载体上的浮游生物实时成像监测仪，监测范围为 100 微米 ~ 2 毫米，并进行了大空间尺度的连续观测技术探索。

4.11　满足海水水质标准的在线监测技术

从上面各节介绍的技术来看，有一些能够用在浮标上的技术已经发展起来，能够满足通量监测的需要。下面，我们将《中华人民共和国海水水质标准》中要求监测的 35 类参数与上述参数进行对比，了解实施通量监测的技术基础。

在表 4.2 中，我们列举了所有 35 个海水水质标准规定的

观测项目，将对应的监测技术列在表中。在本书出版前，进一步核实了表中的技术现状，关于技术成熟度的内容是可靠的。但是，技术成熟程度高并不意味着该技术可以直接用于通量监测。根据通量监测的技术要求，绝大部分仪器都要进行大量技术改造，使之适应浮标上的条件。表 4.3 给出了未列入海水水质标准的参数和监测技术。

表 4.2　列入海水水质标准的参数和监测技术

序号	海水水质标准规定的观测项目	可用于现场连续自动监测的技术	技术成熟度
1	漂浮物质		
2	色、臭、味		
3	悬浮物质	●水下数字显微成像仪	
4	大肠菌群	●海洋致病菌监测分析仪	上船
5	粪大肠菌群	●海洋致病微生物在线监测技术 ●海洋致病微生物的免疫学和分子生物学检测技术	
6	病原体	●海洋生物毒素检测技术 ●麻痹性贝毒和腹泻性贝毒的成功分离与纯化	
7	水温		
8	pH	●复合电极 pH 传感器 ●电位差 pH 传感器	
9	溶解氧	●基于原电池测氧原理的溶解氧传感器 ●基于荧光测量技术和荧光猝灭原理的溶解氧传感器	

序号	海水水质标准规定的观测项目	可用于现场连续自动监测的技术	技术成熟度
10	化学需氧量	●流动注射法海水 COD 在线监测仪	上船
		●臭氧法海水 COD 测量仪	上船
		●海水 COD 测量仪	
11	生化需氧量	生物氧化平衡法海水 BOD 快速测量仪	上船
		●基于氧光导检测海水中 BOD 的生物光纤传感器	上船
12	无机氮	●营养盐现场自动分析仪 ●营养盐现场光学监测技术 ●营养盐自动分析仪 ●水下营养盐自动分析仪	
13	非离子氨		
14	活性磷酸盐		
15	汞	●重金属元素富集与分离	上船
		●重金属元素自动分析仪	上船
16	镉	●HFY6-1 金属元素自动分析仪 ●重金属元素自动分析仪	
17	铅		
18	六价铬		
19	总铬	●重金属元素自动分析仪	
20	砷		

续表

序号	海水水质标准规定的观测项目	可用于现场连续自动监测的技术	技术成熟度
21	铜	●HFY6-1 金属元素自动分析仪	
22	锌	●重金属元素自动分析仪	
23	硒	●重金属元素自动分析仪	
24	镍		
25	氰化物		
26	硫化物	●负二价硫传感器	
27	挥发性酚	●有机污染物光学分析仪	
		●大容量海水痕量有机污染物在线富集技术	
28	石油类	●石油污染物监测分析仪	
29	六六六	●仿生传感技术在海洋有机污染物检测中的应用	
30	滴滴涕		
31	马拉硫磷	●有机磷农药监测分析仪	上船
32	甲基对硫磷		
33	苯并（a）芘		
34	阴离子表面活性剂		
35	放射性核素		

表 4.3　未列入海水水质标准的参数和监测技术

氧化还原电位	氧化还原电位（ORP）传感器	
浊度	●浊度传感器	
叶绿素 a	●叶绿素 a 浓度测量传感器	
二氧化碳	●CO_2 传感器	
腐蚀能力	●海洋环境腐蚀能力监测仪	
水质仪	●多参数水质监测仪	
赤潮生物	●船载现场赤潮生物流式图像监测仪	上船
	●基于双特异分子探针技术的 ●赤潮藻自动化分析仪	上船
	●显微图像自动识别技术	
	●有毒亚历山大藻分子生物学检测技术	
海洋藻类	●水下数字显微成像仪	

4.12　国外海洋生态浮标技术

美国、日本、法国、挪威、俄罗期等国相继研制了用于现场污染监测的传感器，除了常规的酸碱度（pH）、溶解氧（DO）、浊度等传感器外，也开发了叶绿素 a、营养盐、放射性、有机物、重金属等环境参数监测的传感器或仪器，以及由这些传感器或仪器集成的水质污染监测浮标，用于监测港口、海湾、河流入海口的水体污染状况。或在水文气象浮标上加装水质监测传感器，构成生态环境综合监测浮标。这些浮标的使命是对主要水质参数的监测。

表4.4 国外海洋生态浮标用于监测海洋的水质参数

国家	名　称	测量项目	测量范围
美国	500型现场监测系统	温度	$-5 \sim 45℃$
		pH	$2 \sim 12$ pH
		DO	$0 \sim 20 \times 10^{-6}$（1 ppm $= 10^{-6}$）
		电导率	$0 \sim 65$ mS/cm
		浊度	$0 \sim 100\%$
	水质监测浮标	温度	$-10 \sim 40℃$
		pH	$2 \sim 12$ pH
		DO	$0 \sim 20 \times 10^{-6}$
		电导率	$0 \sim 75$ mS/cm
		浊度	$0 \sim 100\%$
	水质垂直分布自动测量浮标	温度	$-5 \sim 40℃$
		pH	$2 \sim 12$ pH
		DO	$0 \sim 20 \times 10^{-6}$
		电导率	$215 \sim 35$ mS/cm
		浊度	$0 \sim 100\%$
日本	U-10型水质监测仪	温度	$0 \sim 50℃$
		pH	$0 \sim 14$ pH
		DO	$011 \sim 9.9$ mg/L
		盐度	$0 \sim 40$
		电导率	$0 \sim 100$ mS/cm
		浊度	$0 \sim 800$ NTV
	海况自动观测浮标	温度	$0 \sim 35℃$
		pH	$2 \sim 12$ pH
		DO	$0 \sim 20 \times 10^{-6}$
		浊度	$0 \sim 100 \times 10^{-6}$

续表

国家	名　称	测量项目	测量范围
德国	TB50 浮标	温度	$-2 \sim 30℃$
		pH	$5 \sim 9$ pH
		DO	$0 \sim 14 \times 10^{-6}$
		电导率	$0 \sim 60$ mS/cm
		浊度	$0 \sim 200 \times 10^{-6}$
	UB1 通用浮标	温度	$-2 \sim 30℃$
		pH	$5 \sim 9$ pH
		DO	$0 \sim 14 \times 10^{-6}$
		电导率	$0 \sim 60$ mS/cm
挪威	TOBIS 浮标	温度	$-5 \sim 40℃$
		DO	$0 \sim 19$ mg/L
		盐度	$20 \sim 40$
		光束透射率	$-5 \sim 5$ V
		放射性	高于警戒水平的本底放射性，活度四位连续十进制

　　从表4.4的参数可见，国外的海洋生态浮标主要用于监测海洋水质参数，参数少，无法满足海洋污染监测的需要，也不能胜任本书介绍的通量监测。这主要是由于这些国家的海洋环境清洁，并没有污染监测的需要。本书介绍的通量监测需要的浮标能够从国外浮标借鉴的技术不多，只有一些传感器可以用于我国通量监测浮标使用。另外，这些浮标都是小型浮标，很容易受到破坏，在我国近海很难推广使用。

4.13　国外海洋生态监测技术

随着全球陆地资源的日趋紧张，世界各国纷纷将目光转向海洋，开发海洋资源、发展海洋经济成为沿海国家国民经济的重要支柱，而在现代海洋开发带来巨大经济效益的同时，也带来一系列生态环境问题，因此，研究和发展海洋生态环境监测技术，支撑生态环境监测与保护，已成为海洋高技术发展的一项迫切任务。

国外的海洋环境生态监测技术在近几十年来得到了很快的发展，越来越多的传感器与仪器已经或正在进入商品化，但是，面对复杂多样的海水化学组成和物理化学性质，已有的传感器与仪器的种类仍相当有限；目前已投入实际应用的商品化传感器与仪器有不少从测量原理上有待改进，应用深度上亟需拓展。在未来海洋生态监测的传感器与仪器的研制工作中，对已有传感器与仪器的改进与完善，以探测参数和使用环境为目标的新品种传感器的开发，以及利用新原理和新技术实现传感器的环境普适、体积小型和多功能一体化，是未来海洋生态环境监测技术的发展方向。

海洋生态环境监测仪器/传感器，主要有营养盐、溶解氧、二氧化碳（CO_2）、氨、负二价硫、化学耗氧量（COD）、生化耗氧量（BOD）等。我国的很多技术借鉴了国外已有的技术。下面这些仪器或传感器可以用于我国的通量监测浮标。

（1）营养盐监测仪器

营养盐测量方法主要有吸光光度法、离子选择电极法、荧光法和紫外光吸收法等。目前，离子选择电极法和荧光法主要用来测氨氮，紫外光吸收法测硝氮，而吸光光度法根据进液方式的不同，又分为连续流动注射技术和非连续顺序分析技术，它们将在实验室内人工操作的采样、定量取试剂、化学反应以及用分光光度计进行测量等过程在仪器上自动实现，相当于一套微型化学分析系统。吸光光度法适用于淡水和海水，能进行5种营养盐测量，成为国内外研制营养盐分析仪的主要方法。

英国 Eco - Sense 公司研制的 NAS - 2E 型营养盐自动分析仪，可在水下 250 米处工作 60 天，已有 100 多台销往世界 30 多个国家。EcoLAB 是在 NA S - 2E 的基础上最新研制的第 4 代分析仪，可同时分析硝酸盐、亚硝酸盐、磷酸盐、硅酸盐和氨氮。

意大利 AutoLAB 营养盐分析仪可用于船上或台站，可同时测量亚硝酸盐、硅酸盐、磷酸盐，能无人值守工作 2 个月。

德国 ME 公司的 APP4004 型单通道营养盐分析仪可应用于水下 7 米。八位一通旋转阀、泵吸式光度计等技术申请了专利。

意大利 Systea 公司应用回流分析（LFA）专利技术研制了用于实验室的 MICROMAC 1000 便携式水质测定仪，测量原理是吸光光度法，可对铵盐、硝酸盐、亚硝酸盐和磷酸盐分别进行测量。还研制了用于水下的 NPA（浅水）和 DPA（深水）型多参数营养盐分析仪。DPA 分为两套系统，其中一套测量硝酸盐、亚硝酸盐和铵盐，另一套测量硅酸盐和磷酸盐，可用于水下 30 米。

美国 Subchem 系统公司研制的 Subchempak 分析仪，应用于水下 200 米，具有 4 个通道，可选择测量硝酸盐、亚硝酸盐、铵盐、磷酸盐、硅酸盐、铁、铜。此分析仪分为两部分，包括试剂传输模块和四通道吸收监测器。

美国 YSI 公司的营养盐分析仪，可在 30 分钟完成亚硝酸盐、硝酸盐和磷酸盐的测量，在水下连续工作 30 天；YSI

9600 型硝酸盐分析仪，可直接投放于水体中进行直读或自容式监测，深度可达 61 米，试剂使用周期大于 30 天（采样间隔 1 小时）。

总体上看，海水营养盐分析仪向集成化、小型化、系列化以及深水检测的方向发展，采用的工作方式主要是微型实验系统。

（2）溶解氧传感器

自 1953 年由 Clark 首先提出电极法测量溶解氧开始，经过几十年的发展，世界各国研发了多种海洋现场监测溶解氧的测量方法。目前，现场采样化学滴定法、电化学测量法和荧光溶解氧测量法并称海洋溶解氧标准测量方法。国外在线监测溶解氧传感器主要采用电化学法和荧光法，电化学法包括原电池和极谱法两种形式。典型产品有美国 YSI 公司、HACH 公司、WTW 公司、AMT 公司、Seabird 公司、挪威 Aanderaa 公司生产的在线溶解氧测量仪，仪器技术指标对比如表 4.5。

表 4.5　在线溶解氧监测仪器技术指标对比

公司	型号	测量原理	测量范围	准确度
YSI	DO200	极谱法	0 ~ 20 mg/L	±0.2 mg/L
	6920	脉冲极谱法	0 ~ 50 mg/L	±0.01 mg/L
	ROX	荧光法	0 ~ 50 mg/L	±0.1 mg/L
HACH	Sc100	荧光法	0 ~ 20 mg/L	量程的 ±0.2%
WTW	OXI315i	原电池	0 ~ 19.99 mg/L	±0.2%
AMT	Galvanic	极谱法	0 ~ 200%	2%
SEABIRD	SBE43	极谱法	120% 饱和度	2% 饱和度
AANDERAA	3930	荧光法	0 ~ 500 μmol/L	2%

从国外溶解氧传感器的发展来看，其特点可概括为：高准确度、高可靠性和快速时间响应；高采样速率，完备的数据后处理方法；良好的人机界面，数据处理结果可视化；设计模块化、标准化，便于与系统集成和现场维护。

（3）二氧化碳（CO_2）传感器

用于直接检测溶液中离子态或自由态无机碳传感器主要是气敏电极。将 CO_2 视为天然水体中影响 pH 值的决定性因素，通过测定被测体系中 CO_2 所引起的 pH 值变化，电位计将这种变化转化为 CO_2 分压（pCO_2），进而得到体系中实际的总无机碳含量，检测范围为 15 ~ 80 mm Hg pCO_2。从 20 世纪 80 年代开始，人们把注意力转移至比色法分析海水中溶解的总无机碳，其误差一般小于 11%，而后又进一步发展了光纤二氧化碳传感器，现已成为二氧化碳传感器研制的主要方向。

目前国外最著名的水中 CO_2 在线监测传感器，为德国 Contros 公司生产的 HydroC/CO_2 传感器。该仪器利用光学分析系统在水下原位监测 CO_2 通量，不同环境自动零点校正，钛金外壳，最大工作水深 6 000 米，可以集成到海洋 CO_2/CH_4 通量监测站 OceanPack + 或水下机器人上进行移动测量。

（4）氨传感器

氨是水体中常见的有毒物质，对鱼类的毒害作用很大。测量方法主要采用离子选择性电极。但由于海洋中 Na^+、K^+ 等主体一价阳离子浓度较高，要求铵（氨）传感器对其的选择性系数要达到 10^{-5} ~ 10^{-1} 以上。铵（氨）光纤传感器的研制近几年来成为一个主要方向，有望解决阳离子干扰的问题。流动注射分析技术也是一个重要的发展方向。

芬兰 Orion 公司的 95 - 10 型氨电极仅对非离子态的 NH_3

响应，Nernst 响应斜率为 0.02 ~ 2.0 mg/L（以氮计），其灵敏度与准确度可与吲哚苯酚兰法媲美，而且使用样品少，检测范围宽，但检测低于 0.1 mg/L NH_3 时响应时间太长，不适合低浓度 NH_3 的检测。

英国 EIL 公司的 8002 电极，检测限 0.01 ~ 100 mg NH_3 - N/L，但是受所加试剂纯度的影响，使用不稳定，在温度、电流较稳定时可控制 ±5% 的误差。

光纤 NH_3 传感器，其原理类似二氧化碳光纤传感器，对 NH^{4+} 的选择性高。

Giuliani 等（1983）研制的基于噁嗪高氯酸盐与 NH_3 可逆反应的光纤 NH_3 传感器，检测范围为 0 ~ 1.000 × 10^{-6}（体积比浓度）。

Jones 等（1991）采用流动注射分析技术，将真光层海水抽提至甲板，能够同时检测温度、盐度及营养盐的浓度。Hall 等（1992）应用流动注射法，实现了同时检测海水中的总无机碳（$\sum CO_2$）和 NH^{4+}，所耗样品少（$\sum CO_2$，20 μL；NH^{4+}，50 μL），检测范围宽（$\sum CO_2$，0.1 ~ 20 mmol/L；NH^{4+}，0.1 ~ 100 μmol/L），相对标准偏差小于 1%。

Keronel 等（1997）基于 NH_3 与邻苯二醛和亚硫酸盐的反应原理，研制了海水与河口水中痕量 NH_3 的自动分析仪，其重现性及灵敏度均很高。在寡营养盐区域检测下限达 115 nmol/L；采用同步稀释技术，可以检测高至 250 μmol/L 的 NH_3。一级胺干扰小于 15%，只有 S^{-2} 干扰测定，0 ~ 35 盐度范围内盐度效应小于 3%。

（5）负二价硫传感器

用于海洋测量负二价硫电极的产品不多。目前，国外只有德国 AMT 公司具有与其相关的 H_2S 传感器的报道。测量范围：10 μg/L～3 mg/L，50 μg/L～10 mg/L，测量精度：2%（测量值）。

（6）海水化学耗氧量（COD）

化学耗氧量（COD）在线自动分析仪器，是监测水质状况、预警预报环境灾害、监督排污总量的重要手段。

COD 指在给定反应条件下氧化一升水中还原性物质所消耗氧化剂折合成氧的量。由于所用氧化剂不同，测定结果也不同。我国国家标准规定海水的 COD 分析采用碱性高锰酸钾法。20 世纪 90 年代之后，各国相继开发出了多种 COD 在线分析仪。根据测量原理不同 COD 在线分析仪可分为以下 7 种：

重铬酸钾法，大多数厂家采用此法，如美国 HACH 公司的 CODmax 型；

高锰酸钾法，如日本 Yanaco 公司的 308 型、韩国 ENVA-TRONICS 公司的 ENVA－1100 型等；

臭氧氧化－电化学测量法，如德国 STIP 公司的 PHOENIX－1010 型；

羟基氧化－电化学测量法，如德国 LAR 公司的 Elox100 型；

生物法，如蓝星公司的 LXWA－O 型；

紫外法，如日本 DKK－TOA 公司的 NPW－150 型；

燃烧法，如日本 TORAY 公司的 TOC－620C 型、德国 LAR 公司的 QuickCOD。

目前现有的 COD 在线分析仪大都只能在淡水中应用，不能用于海水 COD 的测量，原因是海水中存在着大量的氯离子，干扰海水 COD 的测量。碱性条件下高锰酸钾的氧化能力稍弱，不能氧化海水中的氯离子，从而避免了氯离子的干扰。COD

的测量是典型的条件反应，即所用氧化剂的种类、浓度、用量、环境温度、压力、反应时间等条件不同，测定结果也不同。特别是氧化剂的不同测定结果会相差很大。

我国国家标准规定海水 COD 分析采用碱性高锰酸钾法。采用碱性高锰酸钾法的在线分析仪很少，国外只有日本 Yanaco 公司生产的 308 型可以用于海水 COD 测量。

（7）生化耗氧量（BOD）仪器

生物耗氧量（BOD）是指水中有机物在好氧微生物作用下，进行好氧分解所消耗水中溶解氧的量。目前，国外 BOD 快速测量商品化的仪器主要有两种方法：微生物膜电极法和生物反应器法。

微生物膜电极法的代表产品是日本日新电机公司的 BOD－2200 型。传感器是一个微生物电极，将驯化好的微生物固定在高分子材料制作的膜中，构成微生物膜，把微生物膜覆盖在溶解氧电极表面组成微生物膜电极。溶解氧电极以 Ag－AgCl 电极为参比电极。测量时，先以标准缓冲液校准，使氧电极输出一恒定电流，然后注入水样，水样流经微生物膜后，由于微生物的降解作用，消耗一定的溶解氧，因而扩散到氧电极表面的氧的量相应的减少，导致氧电极输出电流减小。经过一定时间后，扩散到电极表面的氧量趋于恒定，氧电极的输出电流也趋于恒定，此电流值与水样中有机物浓度值存在定量关系。测量电流值即可计算出 BOD 值。其主要指标为：测量范围：$5 \sim 500$ mg/L；响应时间：10 分钟；相对误差：$\leqslant \pm 3\%$；标准偏差：$\leqslant \pm 5\%$；测量周期：30 分钟。

生物反应器法的代表性产品是德国 STIP 公司的 BIOX－1010 型连续快速 BOD 在线测定仪。其关键部件是一个微生物反应器，反应器内部培养大量微生物菌群，微生物菌群的消解作用将有机物降解，降解过程所消耗的溶解氧由氧电极检测；水样恒定地注入生物反应器，反应后的水样自动溢出，在反应器的进水口和出水口分别安装氧传感器，测量其溶解氧值，两者之差即为生物反应器的氧耗量。由微机根据氧耗量的变化自动调节加入稀释水的量，以保持生物反应器中氧耗量不变，使反应器工作在平衡状态，这时生物消耗的溶解氧就等于注入的溶解氧，根据加入水样的量和稀释水中氧的浓度计算出 BOD 值。其主要指标：量程：5 ~ 1 500 mg/L；20 ~ 15 000 mg/L；20 ~ 100 000 mg/L；检出限：5 mg/L；重现性：3%；反应时间：3 ~ 15 分钟。

第5章
通量监测的科学依据

通量监测的基本原理在第 2 章中已经做了介绍，也就是在一个没有岛屿和大型河口的沿岸区域两端布设两条浮标断面，分别观测两断面流动的速度和各种污染物浓度，分别计算两断面的流量与物质通量，用两断面的物质通量之差，计算该区域内的净排污量。两断面的观测原理如式（2.4）所示

$$M_{n1} = \int_0^T \int_{X_1(Y_1)}^{X_2(Y_1)} \int_{-\zeta_1(x)}^{H_1(x)} c_{n1}(x,z,t) v_1(x,z,t) \mathrm{d}z\mathrm{d}x\mathrm{d}t$$

$$M_{n2} = \int_0^T \int_{X_1(Y_2)}^{X_2(Y_2)} \int_{-\zeta_2(x)}^{H_2(x)} c_{n2}(x,z,t) v_2(x,z,t) \mathrm{d}z\mathrm{d}x\mathrm{d}t \quad (2.4)$$

第 2 章中还强调，式（2.4）只是原理的表达式，不能直接使用，需要根据海域的现场条件进行设计，以使通量监测得以精确地实现。式（2.4）虽然简单，其涉及的问题却很复杂，既包含科学问题，也包含技术问题。

为了深刻理解通量监测的科学和技术问题，还是要从通量监测的基本理论来讨论。

5.1 通量监测的基本理论

国内外迄今没有关于通量监测的理论。本书需要依据海洋物理学和海洋化学的基本理论，建立通量监测理论体系，来指导通量监测的规划、设计与实施。

　　海洋中有各种物质，除了由氢氧原子构成的水分子之外，还包括溶解于海水中的物质及悬浮于水中的物质。溶解于海水中的物质包括：矿物性杂质、各种无机和有机物质。有些物质不能溶解于水，其密度与海水密度相当，则悬浮于海水中。

　　纯海水主要由水分子和有导电能力的杂质构成，其密度由温度、盐度和压力决定。在通量监测中，海水基本满足不可压缩条件，即海水的体积守恒，由连续方程描述，

$$\frac{\partial u}{\partial x} + \frac{\partial v}{\partial y} + \frac{\partial w}{\partial z} = 0 \tag{5.1}$$

式中，u，v 和 w 分别为海水流动速度在 x，y 和 z 方向的分量。方程（5.1）是用欧拉方法表达的不可压缩条件下海水的体积守恒，不论海域内是否有源和汇，是否有垂直运动，式（5.1）都严格满足。

　　海水中的任何物质含量都可以用其浓度 C_n 来表示，单位为 kg/m^3，即单位体积中某种物质的质量，其中 n 用来区分不同种类的物质。海洋中物质的浓度分布和变化由浓度扩散方程来确定，即

$$\frac{\partial C_n}{\partial t} + u\frac{\partial C_n}{\partial x} + v\frac{\partial C_n}{\partial y} + w\frac{\partial C_n}{\partial z} = d_n + q_n \tag{5.2}$$

式中，q_n 为物质源项，包括水体内部物质的源和汇变化率，单位为 $kg/(m^3 \cdot s)$，即单位时间单位体积内增加的物质量。d_n 为湍流扩散项。设 B_H 和 B_Z 为水平和垂直方向的湍流扩散系数，单位为 m^2/s，湍流扩散项表达为

$$d_n = B_H\left(\frac{\partial^2 C_n}{\partial x^2} + \frac{\partial^2 C_n}{\partial y^2}\right) + \frac{\partial}{\partial z}\left(B_Z\frac{\partial C_n}{\partial z}\right) \tag{5.3}$$

　　在通量监测中，岸边排放入海的污染物质不作为边界条件输入，而是作为源项考虑，即包含在 q_n 之中。将连续方程

（5.1）带入（5.2），有

$$\frac{\partial C_n}{\partial t} + \frac{\partial u C_n}{\partial x} + \frac{\partial v C_n}{\partial y} + \frac{\partial w C_n}{\partial z} = d_n + q_n \qquad (5.4)$$

令垂向坐标 z 向下为正，海面高度为 $\zeta(x, y)$，海洋水深为 $H(x, y)$，将式（5.4）对 z 积分，得到

$$\frac{\partial}{\partial t}\int_{-\zeta(x,y)}^{H(x,y)} C_n \mathrm{d}z + \frac{\partial}{\partial x}\int_{-\zeta(x,y)}^{H(x,y)} u C_n \mathrm{d}z +$$

$$\frac{\partial}{\partial y}\int_{-\zeta(x,y)}^{H(x,y)} v C_n \mathrm{d}z = \int_{-\zeta(x,y)}^{H(x,y)} (d_n + q_n) \mathrm{d}z \qquad (5.5)$$

式（5.5）代表了一个单位面积水柱中物质浓度的整体变化，表明水柱内物质的时间变化与水体在水柱侧面物质的平流有关，也将受到湍流扩散和水柱内物质源的影响。

实施通量监测的海域如图 2.1 所示，由海岸向外延伸。向外的方向为 x，沿岸的方向为 y，两条通量监测的断面分别在 Y_1 和 Y_2，从岸边的位置 $X_1(y)$ 延伸到 $X_2(y)$，图中阴影区域为实施通量监测的海域，简称"监测海域"。

将式（5.5）对整个监测海域积分，有

$$\int_{Y_1}^{Y_2}\int_{X_1(y)}^{X_2(y)} \left[\frac{\partial}{\partial t}\int_{-\zeta(x,y)}^{H(x,y)} C_n \mathrm{d}z + \frac{\partial}{\partial x}\int_{-\zeta(x,y)}^{H(x,y)} u C_n \mathrm{d}z + \right.$$

$$\left. \frac{\partial}{\partial y}\int_{-\zeta(x,y)}^{H(x,y)} v C_n \mathrm{d}z \right] \mathrm{d}x\mathrm{d}y = D_n(t) + Q_n(t) \qquad (5.6)$$

其中，

$$D_n(t) = \int_{Y_1}^{Y_2}\int_{X_1(y)}^{X_2(y)}\int_{-\zeta(x,y)}^{H(x,y)} d(x,y,z,t)\mathrm{d}z\mathrm{d}x\mathrm{d}y$$

$$Q_n(t) = \int_{Y_1}^{Y_2}\int_{X_1(y)}^{X_2(y)}\int_{-\zeta(x,y)}^{H(x,y)} q(x,y,z,t)\mathrm{d}z\mathrm{d}x\mathrm{d}y \qquad (5.7)$$

第 1 式为湍流扩散项的三维积分，代表了水体内的湍流扩散的整体作用。第 2 式为源项的积分，即整个监测海域内单位时间增加的物质量。这两项积分的意义在下节讨论。

式（5.6）左端第 1 项的积分结果为

$$\int_{Y_1}^{Y_2} \int_{X_1(y)}^{X_2(y)} \left[\frac{\partial}{\partial t} \int_{-\zeta(x,y)}^{H(x,y)} C_n \mathrm{d}z \right] \mathrm{d}x\mathrm{d}y = \frac{\partial P_n(t)}{\partial t} \tag{5.8}$$

其中，

$$P_n(t) = \int_{Y_1}^{Y_2} \int_{X_1(y)}^{X_2(y)} \int_{-\zeta(x,y)}^{H(x,y)} C_n(x,y,z,t)\mathrm{d}z\mathrm{d}x\mathrm{d}y \tag{5.9}$$

表达区域内物质总量随时间的变化。式（5.6）左端第 2 项积分结果为

$$\int_{Y_1}^{Y_2} \int_{X_1(y)}^{X_2(y)} \left[\frac{\partial}{\partial x} \int_{-\zeta(x,y)}^{H(x,y)} u C_n \mathrm{d}z \right] \mathrm{d}x\mathrm{d}y$$

$$= \int_{Y_1}^{Y_2} \int_{-\zeta(X_2,y)}^{H(X_2,y)} u C_n \mathrm{d}z\mathrm{d}y - \int_{Y_1}^{Y_2} \int_{-\zeta(X_1,y)}^{H(X_1,y)} u C_n \mathrm{d}z\mathrm{d}y \tag{5.10}$$

即监测海域 x 方向两端的通量差。由于将岸边排放的物质考虑在源项之中，不考虑由岸边进入监测海域的物质通量。岸边流速的法向速度为零，式（5.10）右端第 2 项的积分结果为零。但右端第 1 项的积分未必等于零，因为在季风条件下会产生离岸方向的流速，形成穿越监测区域向外海的输送，我们把这个通量定义为

$$E_{n3}(t) = \int_{Y_1}^{Y_2} \int_{-\zeta(X_2,y)}^{H(X_2,y)} C_n(X_2,y,z,t) u(X_2,y,z,t)\mathrm{d}z\mathrm{d}y$$

$$\tag{5.11}$$

其物理意义是监测海域外缘向外海方向流出流入的物质

通量。

我们在第 2 章中提到，江河入海口附近的通量监测有特殊的困难，可以暂时不考虑。需要特别注意的是，一旦考虑在大江大河的情况下也实施通量监测，则必须考虑岸边径流引起的入流，即

$$E_{n4}(t) = \int_{Y_1}^{Y_2} \int_{-\zeta(X_1,y)}^{H(X_1,y)} C_n(X_1,y,z,t)u(X_1,y,z,t)\,\mathrm{d}z\mathrm{d}y$$

$$(5.12)$$

本书主要关注沿岸型的通量监测，式（5.12）暂不使用。

式（5.6）左端第 3 项的积分为

$$\int_{Y_1}^{Y_2} \int_{X_1(y)}^{X_2(y)} \left[\frac{\partial}{\partial y}\int_{-\zeta(x,y)}^{H(x,y)} vC_n\mathrm{d}z\right]\mathrm{d}x\mathrm{d}y$$

$$= \int_{X_1(Y_2)}^{X_2(Y_2)} \int_{-\zeta(x,Y_2)}^{H(x,Y_2)} vC_n\mathrm{d}z\mathrm{d}x - \int_{X_1(Y_1)}^{X_2(Y_1)} \int_{-\zeta(x,Y_1)}^{H(x,Y_1)} vC_n\mathrm{d}z\mathrm{d}x -$$

$$\int_{Y_1}^{Y_2} \left[\frac{\partial X_2(y)}{\partial y}\int_{-\zeta(X_2,y)}^{H(X_2,y)} vC_n\mathrm{d}z\right]\mathrm{d}y + \int_{Y_1}^{Y_2} \left[\frac{\partial X_1(y)}{\partial y}\int_{-\zeta(X_1,y)}^{H(X_1,y)} vC_n\mathrm{d}z\right]\mathrm{d}y$$

$$(5.13)$$

公式（5.13）右端第 1 项和第 2 项分别为通过断面 Y_2 和 Y_1 的物质通量，是通量监测的核心内容，表达为：

$$E_{n1}(t) = \int_{X_1(Y_1)}^{X_2(Y_1)} \int_{-\zeta(x,Y_1)}^{H(x,Y_1)} C_n(x,Y_1,z,t)v(x,Y_1,z,t)\,\mathrm{d}z\mathrm{d}x$$

$$E_{n2}(t) = \int_{X_1(Y_2)}^{X_2(Y_2)} \int_{-\zeta(x,Y_2)}^{H(x,Y_2)} C_n(x,Y_2,z,t)v(x,Y_2,z,t)\,\mathrm{d}z\mathrm{d}x$$

$$(5.14)$$

式（5.13）右端的第 3 和第 4 项的物理意义为曲折的边界导致的物质输运。当边界曲折时，边界附近的流速不均匀，会产生额外的物质通量。显然，如果能将 X_1 选取在岸线的凸起处或凹进处，X_2 的走向也尽可能平直，使两处的 $\partial X(y)/\partial y = 0$，则式（5.13）的最后两项为零。这个公式也表明，监测断面不能随意设定，需要确保式（5.13）的最后两项为零，否则将增大通量计算的难度和误差。

因此，监测海域积分意义下的物质守恒与扩散方程式（5.6）可以表达为

$$\frac{\partial P_n(t)}{\partial t} + E_{n2}(t) - E_{n1}(t) + E_{n3}(t) = D_n(t) + Q_n(t)$$

$$(5.15)$$

其物理意义是，污染物浓度的时间变化是 3 个断面物质通量，污染源排放量和扩散效应共同作用的结果。其中，E_{n1} 和 E_{n2} 是通量监测的结果，E_{n3} 是外边界流出的物质通量，D_n 为湍流扩散项的贡献，Q_n 是我们要获得的排污量。此外，$\partial P_n(t)/\partial t$ 为海域污染物浓度随时间的变化。这些项都可以用通量监测的数据在一定的误差范围内予以计算。这些项的计算误差会导致排污量计算不准确，我们在下一章将仔细分析这些项的计算误差，并分析计算误差对排污量监测结果的影响。

公式（5.15）是依据体积守恒和物质守恒定律，通过对监测海域的积分，建立起来的区域内积分物理量之间的关系。结果表明，只要物质运动满足体积守恒和物质质量守恒，就可以用式（5.15）表达。我们前面说过，满足体积守恒和物质守恒的物质包括海水、溶解于海水中的物质和密度与海水相同而悬浮在海水中的物质。然而，由于动力学作用而悬浮在海水中的物质不包含在其中，原因是，这些物质的密度大于海水，

是海域运动产生的挟带能力导致其进入海水；一旦水流速度减弱，这些物质就会发生沉降，即发生物质沉积过程。沉积过程产生海水中的垂向物质通量，而通量监测主要是监测海水中物质的水平输送，不包括对垂向物质通量的监测。沉积过程对水平物质通量有重要影响，如果沉积通量大于等于水平通量的量级，通量监测的误差就会大大增大。因此，通量监测主要针对那些没有显著沉积过程海域的监测，这个特性必须慎记。如果有微弱的垂向流动通量，也将不包括在式（5.15）之中，而是通过观测来估计其影响，用于对通量监测结果的订正。然而由湍流扩散作用导致的海底与海水的物质交换还是要考虑的，包含在下节的 T_b 之中。

式（5.15）确立的物理关系是瞬时关系，反映了各个物理量之间的联系。通量监测的目的是建立一段时间内的变化，还需要将这种关系对时间进行积分。在建立时间积分之前，我们先详细讨论湍流扩散项积分结果的物理意义。

5.2　湍流扩散作用的计算

公式（5.7）第 1 式是扩散项的空间三维积分。下面，我们讨论这个积分的物理意义。将 $D_n(t)$ 表达为

$$D_H(t) = \int_{Y_1}^{Y_2} \int_{X_1(y)}^{X_2(y)} \int_{-\zeta(x,y)}^{H(x,y)} \left[B_H\left(\frac{\partial^2 C_n}{\partial x^2} + \frac{\partial^2 C_n}{\partial y^2} \right) + \frac{\partial}{\partial z}\left(B_Z \frac{\partial C_n}{\partial z} \right) \right] \mathrm{d}z\mathrm{d}x\mathrm{d}y \tag{5.16}$$

先考虑垂直扩散项。

$$\int_{Y_1}^{Y_2} \int_{X_1(y)}^{X_2(y)} \int_{-\zeta(x,y)}^{H(x,y)} \left[\frac{\partial}{\partial z}\left(B_Z \frac{\partial C_n}{\partial z} \right) \right] \mathrm{d}z\mathrm{d}x\mathrm{d}y = T_s - T_b \tag{5.17}$$

111

其中，T_s 和 T_b 为

$$T_b(t) = -\int_{Y_1}^{Y_2} \int_{X_1(y)}^{X_2(y)} B_Z(H) \frac{\partial C_n(x,y,H,t)}{\partial z} \mathrm{d}x\mathrm{d}y$$

$$T_s(t) = -\int_{Y_1}^{Y_2} \int_{X_1(y)}^{X_2(y)} B_Z(-\zeta) \frac{\partial C_n(x,y,-\zeta,t)}{\partial z} \mathrm{d}x\mathrm{d}y \quad (5.18)$$

T_b 的物理意义是通过湍流扩散进入海底和离开海底的物质。海底虽然阻隔了物质向下的扩散，但如果考虑海洋沉积过程，则会有在边界上形成负的扩散通量，导致海域中物质的减少和物质浓度的降低；反之，如果考虑再悬浮过程，则会有一个正的扩散通量，导致监测海域中物质的增加和物质浓度的增高。这项的物理意义是非常明确的，而且满足体积守恒和质量守恒。但是，湍流通量事实上是不能实时监测的，只能依据对监测海域不同海况下湍流底通量的充分调查，对其作用进行评估，用以解释和订正通量监测的结果。

T_s 的物理意义是从海表面通过湍流扩散进入海洋的通量。这个通量包括海洋与大气之间通过湍流运动形成的物质交换，当然，也可以包括一些大气中沉降进入海洋的可溶解物质。在通量监测的框架内，不包括对来自大气的污染物质的监测，也只能通过对各种天气条件下大气沉降通量的监测对这一项的作用进行评估，对通量监测结果进行订正。在条件适宜的条件下，可以开展对大气沉降的物质通量进行监测，也会减少监测的误差。然而，与陆源物质排放相比，大气沉降量非常小，通常可以将其取为零。

再考虑 x 和 y 方向的扩散作用。式（5.16）右端前两项为

$$\int_{Y_1}^{Y_2} \int_{X_1(y)}^{X_2(y)} \int_{-\zeta(x,y)}^{H(x,y)} \left(B_H \frac{\partial^2 C_n}{\partial x^2}\right) \mathrm{d}z\mathrm{d}x\mathrm{d}y = \int_{Y_1}^{Y_2} \int_{X_1(y)}^{X_2(y)} \left[\frac{\partial}{\partial x} \int_{-\zeta(x,y)}^{H(x,y)} \left(B_H \frac{\partial C_n}{\partial x}\right) \mathrm{d}z - \right.$$

$$B_H \frac{\partial C_n(x,y,H,t)}{\partial x} \frac{\partial H}{\partial x} - B_H \frac{\partial C_n(x,y,-\zeta,t)}{\partial x} \frac{\partial \zeta}{\partial x} \Big] \mathrm{d}x\mathrm{d}y$$

$$(5.19)$$

$$\int_{Y_1}^{Y_2} \int_{X_1(y)}^{X_2(y)} \int_{-\zeta(x,y)}^{H(x,y)} \left(B_H \frac{\partial^2 C_n}{\partial y^2} \right) \mathrm{d}z\mathrm{d}x\mathrm{d}y = \int_{Y_1}^{Y_2} \int_{X_1(y)}^{X_2(y)} \Big[\frac{\partial}{\partial y} \int_{-\zeta(x,y)}^{H(x,y)} \left(B_H \frac{\partial C_n}{\partial y} \right) \mathrm{d}z -$$

$$B_H \frac{\partial C_n(x,y,H,t)}{\partial y} \frac{\partial H}{\partial y} - B_H \frac{\partial C_n(x,y,-\zeta,t)}{\partial y} \frac{\partial \zeta}{\partial y} \Big] \mathrm{d}x\mathrm{d}y$$

$$(5.20)$$

式（5.19）右端第 1 项为

$$\int_{Y_1}^{Y_2} \int_{X_1(y)}^{X_2(y)} \Big[\frac{\partial}{\partial x} \int_{-\zeta(x,y)}^{H(x,y)} \left(B_H \frac{\partial C_n}{\partial x} \right) \mathrm{d}z \Big] \mathrm{d}x\mathrm{d}y = T_{x1}(t) - T_{x2}(t)$$

$$(5.21)$$

其中，

$$T_{x1}(t) = -B_H \int_{Y_1}^{Y_2} \int_{-\zeta(X_1,y)}^{H(X_1,y)} \frac{\partial C_n(X_1,y,z,t)}{\partial x} \mathrm{d}z\mathrm{d}y$$

$$T_{x2}(t) = -B_H \int_{Y_1}^{Y_2} \int_{-\zeta(X_2,y)}^{H(X_2,y)} \frac{\partial C_n(X_2,y,z,t)}{\partial x} \mathrm{d}z\mathrm{d}y \quad (5.22)$$

T_{x1} 为整个海岸线通过湍流扩散进入海洋的物质，海岸阻隔了海水中的物质进出陆地，一般情况下 T_{x1} 为零。而 T_{x2} 为在外海方向通过湍流扩散进出监测区域的物质通量。T_{x2} 不包括夏季风引起的输送，风生输送的作用在式（5.10）中表达。这个通量实际上是仅靠湍流扩散导致的离岸输送，其量级很小。

式（5.20）右端第 1 项为

$$\int_{Y_1}^{Y_2} \int_{X_1(y)}^{X_2(y)} \Big[\frac{\partial}{\partial y} \int_{-\zeta(x,y)}^{H(x,y)} \left(B_H \frac{\partial C_n}{\partial y} \right) \mathrm{d}z \Big] \mathrm{d}x\mathrm{d}y$$

$$= \int_{Y_1}^{Y_2} \frac{\partial}{\partial y} \int_{X_1(y)}^{X_2(y)} \int_{-\zeta(x,y)}^{H(x,y)} \left(B_H \frac{\partial C_n}{\partial y} \right) \mathrm{d}z \mathrm{d}x \mathrm{d}y -$$

$$\int_{Y_1}^{Y_2} \frac{\partial X_2}{\partial y} \int_{-\zeta(X_2,y)}^{H(X_2,y)} \left(B_H \frac{\partial C_n}{\partial y} \right)_{X_2} \mathrm{d}z \mathrm{d}y -$$

$$\int_{Y_1}^{Y_2} \frac{\partial X_1}{\partial y} \int_{-\zeta(X_1,y)}^{H(X_1,y)} \left(B_H \frac{\partial C_n}{\partial y} \right)_{X_1} \mathrm{d}z \mathrm{d}y \tag{5.23}$$

注意考虑两边界端点的设置，保证地形导数为零，式（5.23）成为

$$\int_{Y_1}^{Y_2} \frac{\partial}{\partial y} \int_{X_1(y)}^{X_2(y)} \int_{-\zeta(x,y)}^{H(x,y)} \left(B_H \frac{\partial C_n}{\partial y} \right) \mathrm{d}z \mathrm{d}x \mathrm{d}y = T_{Y_1} - T_{Y_2} \tag{5.24}$$

其中，

$$T_{Y_1} = - \int_{X_1(Y_1)}^{X_2(Y_1)} \int_{-\zeta(x,Y_1)}^{H(x,Y_1)} \left(B_H \frac{\partial C_n}{\partial y} \right)_{Y_1} \mathrm{d}z \mathrm{d}x$$

$$T_{Y_2} = - \int_{X_1(Y_2)}^{X_2(Y_2)} \int_{-\zeta(x,Y_2)}^{H(x,Y_2)} \left(B_H \frac{\partial C_n}{\partial y} \right)_{Y_2} \mathrm{d}z \mathrm{d}x \tag{5.25}$$

为穿越区域两端的湍流物质通量。由于海流主要穿越海域两端断面流动，这两项相对较小，也可以忽略不计。

式（5.19）中右端第 2 项为由于海域沿 x 方向加深（变浅）导致的污染物浓度降低（升高），第 3 项为由于海面沿 x 方向升高（降低）导致的污染物浓度降低（升高）。同理，式（5.20）右端第 2 和第 3 项分别为沿 y 方向水深变化和海面高度变化引起的浓度变化。将二者统一表达为

$$T_H(t) = - B_H \int_{Y_1}^{Y_2} \int_{X_1(y)}^{X_2(y)} \left[\frac{\partial C_n(x,y,H,t)}{\partial x} \frac{\partial H}{\partial x} + \right.$$

$$\frac{\partial C_n(x,y,H,t)}{\partial y}\frac{\partial H}{\partial y}\Big]\mathrm{d}x\mathrm{d}y$$

$$T_\zeta(t) = -B_H\int\limits_{Y_1}^{Y_2}\int\limits_{X_1(y)}^{X_2(y)}\Big[\frac{\partial C_n(x,y,-\zeta,t)}{\partial x}\frac{\partial\zeta}{\partial x}+$$

$$\frac{\partial C_n(x,y,-\zeta,t)}{\partial y}\frac{\partial\zeta}{\partial y}\Big]\mathrm{d}x\mathrm{d}y \tag{5.26}$$

二者都表示由于水深或海面高度变化导致污染物质存在的空间加大（或减小），湍流扩散导致污染物浓度的降低（或升高）。对于整个水柱内都存在的污染物，这个效应显然是存在的；但是对于那些仅存在于特定水层的物质，不会随水深和海面高度的变化而产生额外的物质通量。我们对这两项的作用知之甚少，可以在实践中增进了解。

因此，式（5.16）可以表达为

$$D_n(t) = T_s(t) - T_b(t) + T_{x1}(t) - T_{x2}(t) +$$
$$T_{y1}(t) - T_{y2}(t) + T_H(t) + T_\zeta(t) \tag{5.27}$$

其中，式（5.27）右端前 6 项为各个断面的湍流物质通量，表明湍流扩散对监测海域的影响主要体现在监测海域各个边界上由于湍流扩散导致的物质输入输出通量。

5.3　影响通量监测的主要因素

公式（5.15）是通量监测的瞬时表达式。瞬时的物理量会在各种因素的作用下发生大的起伏，我们关心的是一段时间内监测海域两端的物质通量，由此计算监测海域的排污量，因此，需要将式（5.15）对时间积分，有

$$\int_0^T Q_n(t)\mathrm{d}t = M_{n2} - M_{n1} + M_{n3} + \int_0^T\frac{\partial P_n(t)}{\partial t}\mathrm{d}t - \int_0^T D_n(t)\mathrm{d}t$$

$$\tag{5.28}$$

115

式中，T 为积分的时间，

$$M_{n1} = \int_0^T \int_{X_1(Y_1)}^{X_2(Y_1)} \int_{-\zeta_1(x)}^{H_1(x)} v_1(x,z,t) C_{n1}(x,z,t) \mathrm{d}z\mathrm{d}x\mathrm{d}t$$

$$M_{n2} = \int_0^T \int_{X_1(Y_2)}^{X_2(Y_2)} \int_{-\zeta_2(x)}^{H_2(x)} v_2(x,z,t) C_{n2}(x,z,t) \mathrm{d}z\mathrm{d}x\mathrm{d}t$$

$$M_{n3} = \int_0^T \int_{Y_1}^{Y_2} \int_{-\zeta(X_2,y)}^{H(X_2,y)} u_2(X_2,y,z,t) C_n(X_2,y,z,t) \mathrm{d}z\mathrm{d}y\mathrm{d}t$$

$$(5.29)$$

式（5.29）中的前两式就是监测区域两端断面在时间 $0 \sim T$ 期间通过的物质总量，第 3 式为时间 $0 \sim T$ 期间通过外海断面的物质总量。单位是 kg，与式（2.4）完全一致。

式（5.28）左端是积分时间 $0 \sim T$ 范围内监测海域内的排污量，是我们需要获得的对某种物质在一段时间内的排放总量。式（5.28）表明监测区域内污染物质的排放量可以由 3 个因素来推算：3 个断面的物质通量，时间 $0 \sim T$ 期间浓度的平均变化率和湍流扩散作用。其中，最为重要的是两端断面的物质通量，需要尽可能精确地测定，由通量监测提供。式（5.28）右端第 4 项浓度平均变化率也可以由通量监测时两断面的浓度数据获得。湍流作用可以由对式（5.27）的时间积分获得。

从式（5.28）可知，影响对污染物排放准确估计的因素有通量因素、水质变化因素和湍流扩散因素。只有对式（5.28）右端所有的项都能给出精确的监测，才有可能估计出监测海域的排污量。以往的水质监测可以知道水质的变化，或许还可以对湍流扩散的作用有所掌握，但由于不知道物质通量，就没有可能获得排污量。式（5.28）表明，通量监测是排污量监测至关重要的要素，排污量监测必须解决通量监测问题，否则，就不可能对排污量给出的正确估计，更不能给出精确的结果。式（5.28）是本书的灵魂，是支撑通量监测的理论基础，也是指导通量监测实践的重要科学依据。

在本章中，我们将仔细讨论通量监测的主要方法和监测误差估计，而式（5.28）其他各项导致的误差将在下一章进行详细分析。

实施通量监测所涉及的参数可以从式（5.29）看到，真正计算断面通量需要解决以下问题：两断面的宽度 X_1 和 X_2，海面高度 $\zeta(x, t)$，断面水深分布 $H(x, t)$，污染物浓度 $C_n(x, z, t)$，流速 $v(x, z, t)$ 和积分时间 T。这其中任何一个参数都会带来误差，严重的误差将会使通量监测全面失效。以下将逐项讨论这些参数的选取和可能的误差，既是对通量监测的技术论证，又是确定这些参数的实施方案。

5.4　监测海域的选取

监测海域的选取是实施通量监测的基础。如果选取了不适宜的监测海域实施通量监测，不会得出理想的监测结果。简言之，实施通量监测的海域需要满足以下条件：

我们在第 2 章中介绍了在大型河口区域实施通量的主要困难之一是泥沙沉积。泥沙沉积率如果比水平物质通量还要大，则通量监测的精度无法保证。在沿岸型海域实施通量监测，也要看该海域的物质沉积通量，如果沉积通量与水平物质通量相当，还是不适宜开展通量监测。例如，在靠近河口的沿岸海域，河流物质会大量进入，并在该海域沉积，通量监测的效果难以得到保证。但是，携带大量悬浮物质的江河冲淡水例外，因为冲淡水中携带的物质颗粒非常小，在输运过程中不会产生大的物质沉积。

前面提到，通量监测要避开大型江河河口，那么，多大的河口才属于大型河口呢？在我国沿海，各种尺度的河流众多，如果都要避开，通量监测简直就无法实施。根据通量监测的要求，需要把具有以下两大特征的河流作为大型河口对待：一是有大量河流携带的物质在监测区域沉积；二是有大量入海水体不是沿岸输送，而是离岸输送。前者导致大量的垂向物质通量，后者导致大量离岸物质通量，这两大通量一旦超过沿岸方向的物质通量，将使通量监测产生大的误差，威胁通量监测目标的实现。如果不产生这两个问题，河口就可以不作为大型河口。广义地看，企业的排污口和小尺度河口都可以纳入通量监测体系。二者的差别在于，排污口的排污量明确地来自特定的工厂，而河流的排污量可能来自其流域的某个地方，查找起来更加困难。从海洋环境治理的角度看，应该尽可能将一些中小型河流的排污纳入通量监测系统，既符合海洋污染来源的多元性实际，又符合海洋污染治理的需要。

同理，如果一个海域有大量来自外海方向输入的物质，则不适于开展通量监测，因为通量监测主要注意力集中在沿岸的物质输送。如果有来自外海的通量，而沿岸通量监测又不能对外海输入的通量给出准确的监测，则会给通量监测带来很大的误差。这种误差往往被计算成海域内排污的结果，如不能妥善消除，会引发各种法律问题和社会问题。有外海污染物质来源的海域也不是绝对不能开展通量监测，而是需要建设第 3 条断面，即外海方向的监测断面，形成对三大通量的同步监测。这种监测将导致监测成本的大幅上升，也会使离岸方向的浮标增加，降低海域的离岸开放性。

最为重要的是，通量监测的动力基石是海流被海岸约束，具有沿岸流动的特性，只有具有这一特性的海域才适合通量监测。即使存在离岸流动，离岸流动的分量也要远小于沿岸流动的通量。如果一个海域的流动以离岸流动为主，则不能被确定为适宜通量监测的海域。

以上只是关于监测海域选取的基本原则，一旦要实施通量监测，还要对需要监测的海域进行大量观测，具体分析海域的特点，最后实现对监测海域的科学选取。

5.5　监测断面的选取

通量监测的核心问题是断面的选取。人们恐怕不会相信断面的设定如此重要，而实际上，断面的选取将决定通量监测的成败，对断面选取的重要性怎样强调都不过分。如果两断面的通量计算产生了误差，就会引起对排污量的错误估计，导致对通量监测结果的全面否定。因此，我们首先对断面的设定提出严格的要求，使之经得起各种检验。

断面的选取要满足以下基本要求：

（1）断面要足够宽，避免有的污染物质在断面之外输送到相邻海域。也就是说，断面的宽度（从海岸到外海的距离）涵盖了沿岸的物质输送范围。断面的宽度要通过比较密集的海洋调查来确定，保证确定的断面宽度能够有力地支撑通量监测。

（2）断面的底形不能太复杂。复杂的底形会导致附加的海水运动，增大通量监测的难度，也会使站位的选取更加困难，增大通量监测的误差。断面上最好没有陡峭凸起的底形、凹进的岸线、露头的浅滩等影响监测效果的地貌成分。断面上可以有岛屿，穿越岛屿的断面会使得监测结果更加精确。

（3）由于考虑到通量监测的目标是区域治理，而污染治理有管辖权限，因此，断面的选取应尽可能靠近行政分界线，使通量监测与治理更加容易地结合起来。当然，如果行政分界线附近确实没有合适的断面，就需要另外选择断面，只是在污染治理的行政管辖方面难度有所加大。

由于流速是时常变化的物理量，在没有污染源的情况下，两断面的物质通量应该相等，即：

$$\int_0^T \int_{X_1(Y_1)}^{X_2(Y_1)} \int_{-\zeta_1(x)}^{H_1(x)} c_{n1}(x,z,t) v_1(x,z,t) \mathrm{d}z \mathrm{d}x \mathrm{d}t$$

$$= \int_0^T \int_{X_1(Y_2)}^{X_2(Y_2)} \int_{-\zeta_2(x)}^{H_2(x)} c_{n2}(x,z,t) v_2(x,z,t) \mathrm{d}z \mathrm{d}x \mathrm{d}t \qquad (5.30)$$

注意，式（5.30）两端在瞬时条件下是不能相等的，是在时间积分的意义下才能成立。当 x 大于某个值 x_0 之后，污染物的浓度变为零；因此，所选取的断面宽度要超过 x_0，依据式（5.30）就可以很好地计算断面的物质通量，因为超出 x_0 部分的积分为零。

为了满足式（5.30）的条件，两条断面的宽度越宽越好，而为了降低监测成本，断面宽度在大于 x_0 的条件下越小越好。一个海域排放的污染物向外扩展的范围 x_0 需要通过现场试验得到，并通过分析不同季节现场调查结果给出最大的扩展范围。

在夏季大风过程中，海水中的污染物质可能会突然大规模向外海输送，超越两断面的范围。这种情况下，要作为向外海输送的个例对待，分析并给出向外海输送的物质通量，即式（5.29）中的第3式。这个通量也是通量监测需要给出的参数之一。

因此，需要对断面的选取制定特殊的技术标准，需要事先进行海洋水文调查，取得海流和地貌的基础数据，按照标准选定断面。虽然选定断面的原则很容易确定和实施，但针对各种复杂的沿海地貌如何选定最佳断面还缺乏实践经验，需要在实施通量监测的过程中进一步深入研究。

5.6　监测站位的选取

采用浮标系统进行断面观测，在断面上需要选取站位布放浮标。浮标造价高昂，不可能布放很多，在满足需求的前提下布放得越少越好。用尽可能少的浮标实现对断面通量的准确监测，站位选取是关键所在。

设在断面上设置 N 个站位，并布放浮标。浮标在垂直方向上观测若干层，以体现不同水层的流速和污染物质浓度。浮标还将进行海面起伏 ζ 的观测，用于计算净通量。

将式（5.29）中 Y_1 或 Y_2 断面的通量进行离散积分，得到

$$M = \int_0^T \left\{ E_1(t)\delta + \frac{1}{2} \sum_{i=1}^{N} \Delta x_i \left[E_i(t) + E_{i+1}(t) \right] \right\} \mathrm{d}t$$

（5.31）

其中，

$$E_i(t) = \int_{\zeta_i(x)}^{H_i(x)} c_{ni}(x,z,t) v_i(x,z,t) \, \mathrm{d}z \qquad (5.32)$$

$i=1$，N 为站位数，$\Delta x_i = x_{i+1} - x_i$ 为站间的距离，δ 为第 1 站位到岸边的距离，c_{ni}，v_i，H_i 和 ζ_i 为各站的浓度、速度、深度和海面高度。对比式（5.14）和（5.31）可以看出，站位的

选取需要满足

$$\int_{X_1}^{X_2} \int_{-\zeta}^{H(x)} c_1(x,z,t) v_1(x,z,t) \, \mathrm{d}z \mathrm{d}x$$

$$= E_1(t)\delta + \frac{1}{2} \sum_{i=1}^{N} \Delta x_i [E_i(t) + E_{i+1}(t)] \qquad (5.33)$$

即等号右端为数不多的站位观测的流速与物质浓度能很好的代表左端密集观测积分得到的通量结果。式（5.33）的数值积分采用的是中值积分，是在 N 个站位情况下对整个断面通量的近似。

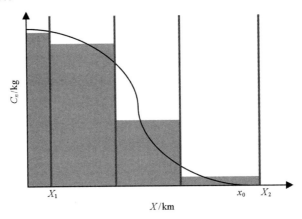

图 5.1　通量观测站位设置和通量计算

　　图 5.1 是站位设置的示意图，设其中曲线是近海污染物浓度的实际分布曲线，竖线代表观测站位，阴影代表按照式（5.31）和（5.33）计算得到的通量。显然，用阴影积分的得到的通量与用实际分布曲线得到的污染物通量是有误差的，我们在下节将分析可能误差的大小，并探讨消除误差的方法。

　　按照式（5.33），选取的站位需要满足以下几个条件：

（1）各站水深的求和确定的断面面积应该尽可能等于密集测深数据积分得到的断面面积。显然，面积的一致性是少数站位代表整条断面的关键之一。

（2）充分考虑断面的地势特征，主要是指海底起伏。总体而言，断面的水深应该是从岸边向深海递增。在靠近海岸处有潟湖，即由于海浪的作用水深加大处，潟湖之外有浅滩，都应该予以充分考虑。有时，起伏的地势距离岸边不远，水深浅，对污染物的输送贡献不大，其作用可以忽略。

（3）在第 1 个浮标与海岸之间有一个距离 δ。由于在这个范围内的浓度只能用第 1 个浮标观测到的浓度来代替，需要把第 1 浮标的位置尽量接近海岸，以减少观测误差。还有一种方法，就是在岸边建立一个监测站，将中值积分延伸到岸边。由于近岸水浅，只要不存在近岸的强污染区域，这一项的积分对结果的影响应该不大。

（4）要考虑流场的水平剪切，流动受地势影响较大，水深骤然加大处往往会发生较强的剪切。另外，水深加大后摩擦的作用减小，也是促使流速加大的因素。如何能使单站的流速积分能代表断面中一定范围的体积通量，要通过海洋调查进行认真地分析和计算，即尽可能满足

$$\int_0^L \int_{-\zeta}^H v(x,z,t)\,\mathrm{d}z\mathrm{d}x = \delta \int_{-\zeta}^{H_1} v_1(z,t)\,\mathrm{d}z +$$

$$\sum_{i=1}^{N-1} \Delta x_i \left[\int_{-\zeta_{i+1}}^{H_{i+1}} v_{i+1}(z,t)\,\mathrm{d}z + \int_{-\zeta_i}^{H_i} v_i(z,t)\,\mathrm{d}z \right] \qquad (5.34)$$

选择的站点有很好的代表性是通量监测的关键。

（5）浓度的代表性。我们希望所选站位流速的代表性与浓度的代表性完全一致，即

$$\iint\limits_{0}^{L}\int\limits_{-\zeta}^{H} C_n(x,z,t)\,\mathrm{d}z\mathrm{d}x = \delta\int\limits_{-\zeta}^{H_1} C_{n1}(z,t)\,\mathrm{d}z +$$

$$\sum_{i=1}^{N-1} \Delta x_i \Big[\int\limits_{-\zeta_{i+1}}^{H_{i+1}} C_{ni+1}(z,t)\,\mathrm{d}z + \int\limits_{-\zeta_i}^{H_i} C_{ni}(z,t)\,\mathrm{d}z \Big] \quad (5.35)$$

如果式（5.34）和（5.35）得到满足，则式（5.33）就能获得令人满意的精度，式（5.31）就是通量的可靠估计。

然而，有很多时候，流速的代表性与浓度的代表性并不一致。例如，污染物是在岸边排放的，而且排放不久，浓度的均匀性很差，浓度最大的地方是靠近海岸的地方，式（5.34）得到满足时，式（5.35）并不一定能得到满足。我们认为，式（5.34）式的满足是优先的，因为式（5.34）的满足意味着可以很好地获得体积通量，体积通量的准确性是通量监测的前提。

如果式（5.35）不能得到满足，并不意味着式（5.31）不能得到满足，需要进行误差分析，以保证通量监测的精度。

式（5.31）和（5.33）是基于两站位间的流速和污染物浓度呈线性分布来计算的，如果实际分布与线性分布差别较大，计算的误差就会较大。我们认为，流速和污染物质浓度在浮标间呈线性变化是对实际物质分布曲线的一种近似；浮标越多，这种近似的精度越高。如果用所有的站的数据拟合流速和污染物分布曲线，可能会提高精度。在实际操作时，可以通过加密观测，获得最佳拟合曲线。如果只有3个通量监测浮标，就只能拟合2次函数，误差会很大，如果有4个以上的浮标，则拟合的效果会更好一些。这个方面产生的误差见下章的分析。

5.7　界面位置对物质通量的影响

本节我们讨论另外一种误差，即按照式（5.33）积分时由于污染物质水平界面位置变动产生的误差。在通量监测的条件下，污染物质的水平界面位置，如果存在的话，一定会介于两个浮标之间；污染物质界面位置会不断摆动，不能准确的确定。因此，估计得到的物质通量就会有误差。由于污染物的界面位置实际上体现了对水体积分的范围，产生的误差是不可忽略的。让我们首先看看这个误差有多大，再讨论如何消除这种误差。

设污染物质的界面位置为 x_0，理论上，用式（5.33）对任一断面的下列积分应该相等

$$\int_{X_1}^{X_2} \int_{-\zeta}^{H(x)} c_n(x,z,t)v(x,z,t)\,\mathrm{d}z\mathrm{d}x = \int_{X_1}^{x_0} \int_{-\zeta}^{H(x)} c_n(x,z,t)v(x,z,t)\,\mathrm{d}z\mathrm{d}x$$

$$(5.36)$$

即积分到断面的宽度与积分到断面中界面的位置 x_0 的结果应该完全一样。而实际上，由于浮标的离散化，式（5.36）两端的计算结果并不一样。设污染物的界面位置出现在第 i 个和第 $i+1$ 个浮标之间，距离第 i 个浮标距离为 h。他们分别为

$$\int_{X_1}^{x_{I+1}} E_n(x,t)\,\mathrm{d}x = E_1(t)\delta + \frac{1}{2}\sum_{i=1}^{I-1}\Delta x_i[E_i(t)+E_{i+1}(t)] +$$

$$\frac{1}{2}(x_{I+1}-x_I)E_I(t)$$

$$\int_{X_1}^{x_I+h} E_n(x,t)\,\mathrm{d}x = E_1(t)\delta + \frac{1}{2}\sum_{i=1}^{I-1}\Delta x_i[E_i(t)+E_{i+1}(t)] +$$

$$\frac{1}{2}hE_I(t) \qquad (5.37)$$

这两个式子的差别为

$$\Delta E = \frac{1}{2}E_n(I,t)(x_{I+1} - x_I - h) \qquad (5.38)$$

相对误差为

$$\frac{\Delta E}{E} = \frac{b(\Delta x_I - h)}{a + b\Delta x_I} \qquad (5.39)$$

$$a = E_1(t)\delta + \frac{1}{2}\sum_{i=1}^{I-1}[E_n(i,t) + E_n(i+1,t)](x_{i+1} - x_i)$$

$$b = \frac{1}{2}E_n(I,t) \qquad (5.40)$$

当 $h = \Delta x_I$ 时，相对误差为 0；而当 $h = 0$ 时，

$$\frac{\Delta E}{E} = \frac{b\Delta x_I}{a + b\Delta x_I} \qquad (5.41)$$

这时就要看 a 有多大。a 是断面其他部分的通量，a 越大，相对误差越小。另外，浮标间的距离越大，相对误差就越大。以下我们用代表性数值来计算式（5.41）给出的相对误差。

设 4 个浮标观测的物质浓度分别为 6、4、2、0，而且浮标间的 dx 都相等，并且令 $\delta = 0.5dx$，则相对误差为

$$\frac{\Delta E}{E} = \frac{b(\Delta x_I - h)}{a + b\Delta x_I} \qquad (5.41)$$

$$\frac{\Delta E}{E}$$

$$= \frac{0.5 \times (2+0)h/\Delta x}{6 \times 0.5 + 0.5 \times (6+4) + 0.5 \times (4+2) + 0.5 \times (2+0)}$$

$$= \frac{h/\Delta x}{12}$$

这种情况下，相对误差在 0～0.083 之间，即最大有近

8% 的误差。

设 4 个浮标的浓度分别为 7、5、2、0，按照式 (5.41)，有

$$\frac{\Delta E}{E}$$

$$= \frac{0.5(2+0)h/\Delta x}{7 \times 0.5 + 0.5 \times (7+5) + 0.5 \times (5+2) + 0.5 \times (2+0)}$$

$$= \frac{h/\Delta x}{14}$$

这种情况下，相对误差在 0 ~ 0.071 之间，即最大有近 7% 的误差。

如果考虑污染物质更靠近岸边，设 4 个浮标观测的物质浓度分别为 6、3、0、0，则有

$$\frac{\Delta E}{E} = \frac{0.5(3+0)h/\Delta x}{6 \times 0.5 + 0.5 \times (6+3) + 0.5 \times (3+0)} = \frac{1.5h/\Delta x}{9}$$

则相对误差在 0 ~ 0.167 之间，即最大有近 17% 的误差。因此，污染物质的界面位置越靠近岸边，使用的浮标越少，观测误差也就越大。显然，浮标密度越大，通量监测的效果就越好。

根据上面的分析，对污染物质水平界面位置 x_0 知道得越精确，计算的结果误差越小。如果有 3 个浮标的数据，我们可以采用外推的方式计算 x_0，

$$A + Bx_1 + Cx_1^2 = E_{n1}$$
$$A + Bx_2 + Cx_2^2 = E_{n2}$$
$$A + Bx_3 + Cx_3^2 = E_{n3}$$
$$A + Bx_0 + Cx_0^2 = 0 \qquad (5.42)$$

从中可以解出

$$A = \frac{dx_2 E_{n1} - (dx_1 + dx_2)E_{n2} + dx_1 E_{n3}}{2(dx_2 + dx_1)dx_1 dx_2}$$

$$B = $$

$$\frac{-(x_3 + x_2)dx_2 E_{n1} + (x_3 + x_1)(dx_1 + dx_2)E_{n2} - (x_2 + x_1)dx_1 E_{n3}}{2(dx_2 + dx_1)dx_1 dx_2}$$

$$C = \frac{x_2 x_3 dx_2 E_{n1} - x_3 x_1 (dx_2 + dx_1)E_{n2} + x_1 x_2 dx_1 E_{n3}}{2(dx_2 + dx_1)dx_1 dx_2} \quad (5.43)$$

并通过式（5.42）的最后一式求解 x_0。这种外推方式将使得计算结果更接近真实情况，会大大降低通量的计算误差。以上述第 2 个例子为例，即 4 个浮标的位置分别为 0、1、2、3，对应的 4 个观测值分别为 7、5、2、0，得到的界面位置为2.53，计算结果见图 5.2。显然，在这种情况下，外推的结果将显著缩减估计的误差。

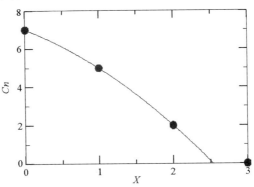

图 5.2 利用浮标数据外推污染物边缘的例子

可是，如果污染物的界面位置更接近岸边，导致浮标的数目小于 3 个，则无法使用上述方法。

以上结果只是便于理解的情况下的示例。实际发生的污染物质断面分布可能更为复杂，污染物质的边缘位置在不同的深度会不一样，在外推时可能会出现复杂的局面。因此，在实际操作初期要反复验证外推的算法，并在嗣后的每一次外推中都要对结果进行评估。

5.8　近岸输送的主要流系

选择了合适的断面和站位后，由于通量监测系统既有浓度的观测、又有速度的观测，可以方便地计算通量；但是，计算得到的通量只是瞬时的通量。如果海水的运动是定常的，而且污染物浓度是不变的，瞬时通量就等于平均通量，就可以用式（5.14）计算两个断面的物质通量。可是，海水的运动并不是定常的，而且污染物浓度也是不断变化的，导致式（5.14）不能直接使用，必须按照式（5.29）进行时间积分才能获得一段时间内发生的净物质通量。由于流动有多种成分，如果直接进行时间积分会导致一些周期性流动的积分不完整，产生严重的残余通量，这些残余通量并不是真实发生的通量，而是没有对一个潮周期进行积分导致的。但是，这些残余通量可能要远大于我们需要得到的净通量，会产生无法承受的误差。因此，我们需要在进行时间积分之前，详细了解流动的主要成分，由此引导实际的时间积分。

实际海洋中的流动是几种主要流动叠加的结果，主要包括潮流 v_T、风生流 v_W、波浪余流 v_C、潮汐余流 v_R、惯性流 v_I 等。其中，潮流又可以看成是由很多分潮流叠加而成的。实测的海流流速可以表示为

$$v = v_T + v_W + v_C + v_R + v_I \qquad (5.44)$$

这些流动大都不是定常的，因而，如何按式（5.29）进

行时间积分是需要深入讨论的问题。下面，先看看各个流动分量的特点。

（1）潮流 v_T

潮流是周期性的流动，是在月球和太阳引潮力的作用下在海洋中引发的势能与动能相互转化的运动。深海潮波能量传入浅海后，底形和岸线的作用会引起潮能的辐聚和运动的强化，产生较强的近海潮流。在近岸海域，潮流的加强使非线性相互作用增强，浅水分潮增大；近岸水深变浅使得波高与水深的比值显著增大，将使潮波的波峰和波谷的传播速度不等，从而使潮波变形。海底和边界的摩擦作用将削弱潮流的强度，引起潮波的不对称现象。

在陆架上传播的潮波首先是前进波，也称为行波。如果前进波遇到陆地阻挡会产生反射波，与入射的前进波叠加，形成一定比例的驻波。在封闭形的海湾，湾顶上前进波会全部反射，形成入射波与反射波的全面叠加，形成驻波系统。在海洋中，由于运动尺度大，驻波系统受到科氏力的作用而发生偏转，形成旋转潮波系统。在我国近海近封闭性的海域，潮波是由若干个旋转潮波系统所控制；而接近开阔海域的地方，以前进波的潮波为主。近岸海域的潮波大多是驻波与前进波的合成。

如果用潮波动力学方程，就可以真实地模拟潮流的分布和变化。但是，定点观测的海流是各种流动的合成，需要对观测结果进行分析，才能识别各种流动的成分。

潮波运动是在一些特定周期的上波动，即某个周期的运动一旦产生，在传播过程中可能会发生加强、减弱、变形，但其周期不会改变。潮波的周期性保证了全球潮波运动的和谐。因此，可以依据已知的潮汐周期，对测流数据进行调和分析得到潮流的变化规律。

按照海洋潮汐理论，月球和太阳引潮力产生的海洋潮汐运动可以分解为上千个周期，每个周期对应的运动称为分潮。有些分潮的量值不大，在通量监测时可以忽略不计。但是，比较大的分潮往往带来比较大的物质通量，是不可忽视的。在中国近海，至少以下 14 个分潮是必须考虑的：

全日潮 O_1、K_1、P_1、Q_1 和半日潮 M_2、S_2、K_2、N_2 是引潮力产生的主要分潮，每个分潮都是不可忽略的。月球的运动引起较强的月分潮和半月分潮 Mm 和 M_{sf}。太阳辐射和大气运动季节变化对潮汐的影响产生年周期分潮 S_a 和半年周期分潮 S_{sa}。在近岸海域，非线性作用和摩擦作用都很强，需要考虑浅水分潮 M_4、MS_4，这两个分潮具有相应半日潮周期的一半，可以导致潮汐的不对称性。

潮汐数据的调和分析并没有涉及到潮波动力学，而且调和分析的结果都只是简谐波的形式，实际上无法体现非线性和摩擦作用导致的潮波变形，而只能用浅水分潮来表达潮波变形和潮汐运动的不对称性，因此，浅水分潮只是用来表达简谐波所不能表达的那部分运动。虽然调和分析的简谐波结果用来表达浅海潮波并不非常恰当，但是用浅水分潮加以补充后就可以较好地拟合真实发生的潮波过程。各个分潮还不能包括的部分用潮汐余流来表达，详见本节后面的叙述。

在近海，虽然分潮的周期可以预先获知，但分潮的振幅各处都不一样，需要从测流数据的分析中获得。当测流资料的时间序列足够长时，可以滤除其他形式的运动，很好地给出观测站点的潮流参数。

由于海洋潮波的空间复杂性，几乎无法用简单的函数来表达。但是，前进波与驻波的表达形式很容易区分。第 k 个分潮

的前进波表达形式为

$$v_{Tk} = A_k(x,y,z)\cos(\omega_k t - \lambda x) \qquad (5.45)$$

即振幅 A 存在空间变化，但不随时间变化。而驻波的形式为

$$v_{Tk} = A_k(x,y,z,t)\cos(\omega_k t - \varphi) \qquad (5.46)$$

即振幅会随时间发生变化。在有些海域，前进波和驻波共存，其潮流也是前进波和驻波掺杂在一起。

对于某一个点而言，前进波和驻波的差别主要体现在流速与海面高度的关系上，前进波流速和海面高度同时达到最大，转流发生在高低潮的中间时刻；而驻波海面高度达到最大时流速最小，转流发生在高（低）潮时。如果只考虑单点的潮流，前进波和驻波的表达形式都成了一种振动，振动的振幅为 A_k，位相为 φ_k。实际发生的潮流是多种振动之和，

$$v_T(x,z,t) = \sum_k A_k(x,z)\cos(\omega_k t + \varphi_k) \qquad (5.47)$$

因此，就通量监测的断面而言，定点观测的结果并不涉及大的旋转潮波系统，而只是局地的潮流短期输送和潮余流的长期输送。

对于每个分潮流而言，如果对一个潮周期进行积分，结果为零。但是，如果积分的时间段不正好等于分潮的潮周期，则积分的结果就会是不为零的正数或负数，表示这段时间向内或向外的残余体积输送。这个体积输送并不是净输送，而是积分时间不完整造成的，是由于积分的问题造成的误差。解决这个问题的办法将在下节讨论。

可是，通量监测的物质浓度是一个变量，即使通量的积分时间等于分潮的周期 T，得到的通量也不为零，而是有一部分净输送，也就是由潮流产生的净输送。

$$\int_0^{T_n} A_n \cos(\omega_n t + \varphi_n)\, \mathrm{d}t = 0$$

$$\int_0^{T_n} A_n \cos(\omega_n t + \varphi_n) c_n(t)\, \mathrm{d}t \neq 0 \qquad (5.48)$$

因此，如果能对一个分潮周期进行积分，得到的体积通量为零，而质量通量未必为零。

当积分时间选定为某个分潮的周期，对于其他所有分潮而言，积分的时间都是不完整的，也都是存在误差的，这些误差之大是不可容忍的。一个有效的方法是，将积分的时间选为所有主要分潮的公倍数。但是，由于分潮的周期是由天文因素决定的，这样的公倍数会相当大，而且是通量监测的时效所不能容忍的，降低了通量监测的价值。因此，如何对潮流影响下的通量积分需要单独研究，见本章下节的讨论。

（2）潮汐余流 v_R

潮汐余流是与潮流伴生的现象。当对定点观测的数据进行分析，得到的潮汐余流称为欧拉余流。欧拉余流由两部分构成。

一部分是由于涨落潮流不对称造成的。比如，在我国的黄海沿岸，由于受地球旋转的影响，向南的涨潮流比较大，而向北的落潮流比较小，一个潮周期内会产生向南的净输送。分解为多个分潮之后，每个分潮都没有不对称现象；不对称现象中仍然具有周期性的一部分成为倍潮波的成分，而不对称现象非周期性的部分被归结为欧拉潮汐余流。

另一部分是由于摩擦的作用造成的，摩擦会削弱潮流，将潮流的部分动能转化为热能。摩擦的作用与持续的时间有关，因而对涨潮流的削弱较少，而对落潮流的削弱更大。由此，摩擦会产生沿涨潮方向的余流。这部分余流也归入欧拉潮汐余流。

欧拉余流的这两种成分在分析时是很难区分的，因为潮流的不对称产生的余流和摩擦产生的余流都是沿涨潮流的方向。基于上面的介绍，从物理上看，欧拉余流实际上是与分潮相联系的，每个分潮都应该有各自的欧拉余流。但是，如果这样考虑，潮流数据分析时将有更多的未知量，增大潮汐余流分析的难度。考虑到各个分潮潮汐余流都没有明显的周期性，可以将其合并为一个量，在潮流资料分析时同步获得。

欧拉余流是用流速分量分析得出的，因此体现了平均流速，但并不代表体积通量，因为近海潮能积聚，海面起伏大，潮流和潮汐余流产生的体积通量与海面起伏有关。按照上面的说法，前进波和驻波海面起伏与流速的关系不一样，产生的输运也不一样。因此，只用欧拉余流不足以计算海水的体积通量，而是需要引入拉格朗日余流来计算通量。

以一个分潮引发的潮汐余流为例，欧拉潮汐余流 V_{E} 定义为

$$\vec{V}_{\mathrm{E}} = \frac{1}{T}\int_0^T \vec{V}\mathrm{d}t \qquad (5.49)$$

而穿越断面的体积通量要由拉格朗日余流 V_L 来表示：

$$\vec{V}_{\mathrm{L}} = \frac{1}{TH}\int_0^T \vec{V}(H+\zeta)\,\mathrm{d}t = \frac{1}{T}\int_0^T \vec{V}\mathrm{d}t + \frac{1}{TH}\int_0^T \vec{V}\zeta\mathrm{d}t \quad (5.50)$$

其中，右端第 1 项就是式（5.49）所示的欧拉余流，右端第 2 项称为斯托克斯漂流，即

$$\vec{V}_{\mathrm{S}} = \frac{1}{TH}\int_0^T \vec{V}\zeta\mathrm{d}t \qquad (5.51)$$

斯托克斯漂流的物理意义是涨潮和落潮输送量之差。水深

越浅，斯托克斯漂流越显著。斯托克斯漂流的计算必须使用海面高度 ζ，因而在通量监测时，除了监测流速和污染物浓度之外，必须对海面高度变化进行监测。需要注意的是，式 (5.51) 使用的不是实测的海面高度，而是那个分潮的海面高度变化。因而，对海面高度数据也要进行调和分析，以获得每个分潮对应的海面高度变化数据。得到了每个分潮的潮流和潮位，实际上就确定了该站位潮流的基本特征，即前进波和驻波所占的比例。拉格朗日余流可以分解为欧拉余流 V_E 与斯托克斯漂流 V_S 之和

$$\vec{V}_L = \vec{V}_E + \vec{V}_S \qquad (5.52)$$

可以依据对观测数据的分析结果分别计算欧拉余流和斯托克斯漂流，最后合成为拉格朗日余流。

由此可见，欧拉余流的物理意义是一个潮周期内潮流速度的平均。拉格朗日余流的物理意义是一个潮周期内潮流通量的平均。因此，拉格朗日余流才能够真正代表物质输运。

虽然通量监测浮标上的仪器可以给出可靠的测流数据，但由于积分时间无法适应各个分潮，不能用实测数据来计算污染物通量。从下节的分析可见，必须对实测海流进行分解，来计算物质通量。分解得到的潮流是简谐运动，潮汐余流必须予以考虑。当物质浓度处于动态变化之中时，潮流和潮汐余流各自对物质通量有不同的贡献。

（3）风生流 v_W

风生流是沿岸物质输送中最不确定的因素。在中国近海，比较确定的是季风的影响。

在我国沿海，夏季主要受来自南方的夏季风的影响，风力较弱。而在冬季，沿海地区主要受来自北方的冬季风影响。在

春秋两季，冷暖空气交替发生，沿岸风场也将发生交替变化。虽然季风存在显著的变化，但其驱动的海流仍然是比较确定的因素，形成季节性沿岸流。季风驱动的沿岸流形成持续的单向水体输送，也是沿海重要的南北输送通道。季风生成的流动是陆架海环流的重要组成部分，其影响范围大大超过近岸通量监测的范围，远达陆架的中部。季风的影响同时也是通量监测区中的重要流动因素，由于陆海界面附近气压梯度增大，在近岸海域季风会有小尺度加强，引起的流动会更强一些。在通量监测区之外，季风产生的流动可以作为通量监测区的外部条件。我国夏季盛行西南风，有利于黄东海沿岸一部分水体离开近岸水域向远处输运，在岸边产生近岸上升流，起到降低近岸污染的作用。如果忽视季风导致的离岸输运，将导致对监测海域排污量的低估。反之，冬季风引起的向南流动不利于近岸水体向外海输送，污染物质的积聚会加剧近岸海域的海洋污染。

　　除了季风之外，天气过程的风场是产生风生流的不确定因素。天气尺度过程包括北方的寒潮大风、南方的热带气旋以及大气锋面系统演化产生的天气尺度过程，这些过程的时间尺度大都在3～7天，对海流产生显著的影响。在天气尺度风场的作用下，海水运动是对风场强迫的响应，可以发生各个方向的运动。其中，如果运动是沿岸方向的，都可以包含在通量监测的框架内。如果产生离岸的运动则会引起监测结果的误差，低估区域内的排污量。

　　实际上还有比天气尺度还小的风场，这些风作用时间短，强度小，对海流输运的影响不大。

　　在通量监测框架下，需要从测流数据中清晰地分析出风生流。风生流的频率与潮流有很大差异，很容易与潮流分离。但风生流与潮汐余流难以区分，因为二者都没有明显的周期性。

近岸海域的风生流与风漂流有很大的差异，沿岸海域的水体堆积或亏空都将引起沿岸流，这些流也是风生流的组成部分。

在实际运作时就会发现，只要能得到潮汐余流与风生流的合成流就足以计算物质通量，将二者明确区分开来的意义不是很大。

（4）波浪余流 v_C

当海岸可以接收到远方传来的波浪时，就会在岸边生成波浪余流（图5.3）。波浪余流是波浪在海洋浅水区由于斜向入射或沿岸波高不同等原因，发生变形及破碎所引起的沿岸方向的水流。与波浪余流同时产生裂流，将波浪余流不连续产生的水体向垂直于海岸的方向输送。裂流与波浪余流一起构成了波生沿岸流系统，是近岸海洋工程和海洋养殖关注的重要动力学问题。

波浪的作用产生波浪余流时波浪不一定要破碎，仅仅靠摩擦的作用也可以产生波浪余流。从物理上而言，波浪余流是波浪作用于海岸的结果，在岸线上产生了波浪辐射应力，成为驱动海水运动的动力。波浪斜向入射时，沿岸方向辐射应力切向分量并不能被其他力全部平衡，剩余部分的辐射应力推动海水产生运动。辐射应力是张量，产生平行于岸线的流动。作用于单位体积水体上的应力张量表达为

$$S = \begin{bmatrix} S_{xx} & S_{xy} \\ S_{yx} & S_{yy} \end{bmatrix} \tag{5.53}$$

产生的辐射应力为

$$T_x = -\frac{1}{\rho D}\Big[\frac{\partial S_{xx}}{\partial x} + \frac{\partial S_{xy}}{\partial y}\Big]$$

$$T_y = -\frac{1}{\rho D}\Big[\frac{\partial S_{yx}}{\partial x} + \frac{\partial S_{yy}}{\partial y}\Big] \tag{5.54}$$

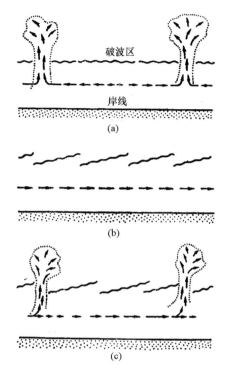

图 5.3　波浪余流示意图

　　辐射应力定义为波浪运动引起的波周期时间平均剩余动量流。多年来，科研工作者对于波浪余流的研究给予了很大的关注，目的就是了解并预测由波浪余流造成的泥沙输运、海岸线演变和污染物的运移扩散。

　　海浪可以分为风浪和涌浪两部分，风浪往往是局地风场导致的能量频散的产物，而涌浪却可以发生在遥远的海域，传播到近岸海域。因此，在有风浪时会产生波浪余流，在没有风浪时来自大洋的涌浪也会在近岸海域产生波浪余流。大洋中的涌浪几乎从不休止，那些处于涌浪通道的海岸会产生不间断的波浪余流。

另外，来向不同的波浪也会产生不同的波浪余流，流动的强度和方向会随着波浪的来向发生变化。而对于大多数海域，由于其特有的岸线形状和海底地貌，波浪的来向通常变化不大，其波浪余流的方向也比较容易确定。

以往关于波浪余流的研究有不少，主要是对波浪余流的观测，以及通过风和浪的参数计算波浪余流。在通量监测中，需要从测流数据中分离出波浪余流。由于波浪余流没有显著的周期，因而难以与潮汐余流、风生流区分。

（5）惯性流 v_{I}

惯性流是海水运动受科氏力影响而产生的惯性周期的振荡。任何海洋流体微团在运动时都会受到科氏力的影响，惯性流总是存在的。惯性流的表达式为

$$u_{\mathrm{I}} = u_{10}\sin(ft + \varphi)$$
$$v_{\mathrm{I}} = v_{10}\cos(ft + \varphi) \qquad (5.55)$$

流动矢量端点的连线形成一个椭圆，称为惯性椭圆。在近岸流系中，惯性椭圆的短轴特别短，椭圆近乎一条直线，成为往复运动的惯性流。

惯性流的周期是惯性周期，由科氏参量来确定

$$T_{\mathrm{I}} = \frac{\pi}{\Omega\sin\Phi} \qquad (5.56)$$

对特定的海域，惯性周期永远不变，但惯性周期随纬度 Φ 变化。在我国近海，惯性周期的变化范围在 25 ~ 56 小时范围内。

虽然特定位置惯性流的周期不变，有很强的周期性，其行为很像一个潮汐分潮。但与潮流不同的是，分潮潮流的振幅不变，而惯性流的振幅是变化的，甚至是时有时无的。惯性流是

流动中的自由振荡。在大洋中的弱流区，惯性流是大洋海水的主要运动方式。而在近海，潮流运动强度很大，惯性流变得不重要，甚至可以忽略不计。在监测海域确定后，我们要加大观测力度，分析该海域惯性流的强度分布，以便对通量监测结果进行订正或解释。

（6）各种流动对物质通量的贡献

从以上讨论可见，各种流动虽然复杂，大体可以分为两种运动：周期性运动和非周期性运动。

周期性运动主要是潮流和惯性流。虽然潮流的各个分潮引起的净体积输送为零，但物质通量可以不为零，即潮流产生的净物质输送。由于通量监测的需要，必须将各个分潮流的调和常数分离出来，以用于对物质通量的计算。惯性流振幅是变化的，在惯性周期内的体积通量与质量通量都不为零。惯性流对通量监测的影响程度并不清楚，需要对实际的监测海域进行深入研究。

非周期性运动主要是近岸风生流、潮汐余流和波浪余流，此外，如果监测海域距离河口不远，来自河口的沿岸正压压力场将驱动冲淡水在监测海域运动，也可以作为余流予以表达。此外，强天气过程将产生 3~7 天的天气尺度大气与海洋运动，也要归结到余流之中。

从前面的分析中可见，各种成分的余流实际上很难区分，因为各个分量的谱成分没有特异性。从另外的角度看，通量监测并不需要截然分清各种类型的余流，只是需要将余流导致的净通量计算出来即可满足需要。因此，我们在对流场进行分解时，不区分余流的种类。整个流动可以表达为

$$v = \sum_k A_k \sin\left(\omega_k t + \varphi_k\right) + v_I + \left(v_R + v_W + v_C\right)$$

$$(5.57)$$

140

式中，风生流 v_W、波浪余流 v_C 和潮汐余流 v_R 合并考虑，惯性流 v_I 需要针对特定海域予以评估。下节将证明，为了计算特定时间范围内的物质通量，需要对实测流速按式（5.57）进行分解。

合成流速 v 可以用式（5.57）表示，在不区分不同性质余流的前提下，流速的分解方法已经成为规范化的分析方法，方国洪等（1986）有详尽的介绍，这里不再详细讨论。

5.9　积分时间的确定

本节讨论积分时间 T 的确定。不论是周期性流动的净输送，还是非周期性流动产生的输送，都是随时间变化的。对于非周期性流动，情况比较简单，积分时间可以任意设定，取任何值的积分结果就代表了在那段时间引起的净输送。主要的问题出在周期性流动。在近海，潮流是最主要的流动形式，其引起的物质通量远大于非周期性流动形成的通量。下面我们讨论对周期性流动的分析方法。

如果监测海域边界上周期性流动是简谐的，即涨落潮流振幅是相同的，即

$$v = A\sin(\omega t + \varphi) \tag{5.58}$$

则积分时间可以取为该流动的周期，积分结果是零。这时如果污染物的浓度为均匀的，则污染物的净通量为零；如果积分时间不等于周期，则会产生剩余通量。如果流动是两个简谐流动之和，

$$v = A_1\sin(\omega_1 t + \varphi_1) + A_2\sin(\omega_2 t + \varphi_2) \tag{5.59}$$

积分时间就必须取为两个流动周期的公倍数，在污染物浓度为均匀时，也可以保证净通量为零。如果积分时间不能取为两个

周期的公倍数，则不能保证净通量为零。图 5.4 给出了一个例子，两个简谐流动的周期分别为 12.42 和 12.0 小时，振幅分别为 1.3 和 1.0，初位相分别为 1.8π 和 0.6π，积分时间 T 选为不同值时净通量的变化情况。从图 5.4 可见，积分时间如果不能选为两个周期的公倍数，选任何值时都会有误差，而且误差还很大。

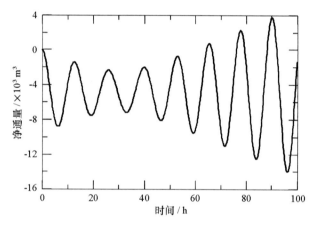

图 5.4　两个简谐流动的周期分别为 12.42 和 12.0 小时，
振幅分别为 1.3 和 1.0 m/s，初位相分别为 1.8π 和 0.6π，
积分时间 T 选为不同值时净通量的变化情况

实际的积分还会遇到以下两个问题：

第一，潮流有很多分潮，这些分潮的周期取决于天文因素，几乎不可能找出一个积分时间是所有分潮周期的公倍数。因此，我们不得不面对这样一个事实，不论积分时间如何选取，计算得到的通量都会包括某些分潮周期不完整所产生的通量，这些通量不是实际存在的净通量，会对通量的监测结果产生严重的误差，是必须彻底消除的因素。

各种流动分量构成的合成流动在沿岸方向是往复式流动，即使有些海域离岸较远，潮流矢量呈椭圆运动，其沿岸分量也是往复式流动。对于往复式流动而言，总可以找到停流那一刻，称之为憩流时刻。一个潮流周期有两个憩流时刻：涨潮憩流时刻和落潮憩流时刻。对两个同向憩流时刻之间的通量进行积分，可以获得净通量。这样获取的净通量将包含严重的误差，因为其包含很多积分不完整的分潮产生的剩余通量，无法给出通量监测的正确结果。

第二，简谐流动的积分导致净体积通量为零，这时如果污染物浓度是均匀的，则污染物的净通量也为零。可是，对于有排污情况发生时，污染物的浓度通常也是随时间变化的，潮流一个周期内也会导致污染物质的净通量，这是潮流的真实物理作用，也表明了通量监测的必要性。由于积分时间不能取为主要分潮的公倍数，我们也无法区分结果中有多少是污染物浓度变化导致的物质输送，多少是积分时间选取造成的误差。

因此，必须消除积分时间产生的计算结果的误差。本书作者经过深入研究，认为可以对观测结果采用以下时间积分方法。

按照式（5.29），净物质通量可以表达为

$$M_n = \int_0^T v(x,z,t)\, c_n(x,z,t)\,\mathrm{d}t \qquad (5.60)$$

只要测流传感器与浓度传感器在同一站位，似乎就可以用式（5.60）直接计算污染物通量，而不需要确切了解流速所代表的流动种类。然而，由于上述原因，直接应用式（5.60）并不能获取污染物通量，而只能得出类似图5.4的误差曲线，不能得出满足通量监测需要的结果。如果流速采用式（5.57）的形式，就需要从测流资料中得到各个流动分量。将速度表达

143

式（5.57）带入式（5.60），则有

$$M_n = \sum_k \int_0^T c_n(x,z,t) A_k(x,z,t) \sin(\omega_k t + \varphi_k) \, \mathrm{d}t +$$

$$\int_0^T c_n(x,z,t) v_R(x,z,t) \, \mathrm{d}t \qquad (5.61)$$

式中 v_R 代表所有的余流。式（5.61）给出了令人振奋的结果，即合成流速对污染物的输送可以分解为每个流速分量对污染物的输送。假设两个分潮的流速相反，可以认为污染物质被向两个方向输送，最后在速度较大的一方产生剩余输送。式（5.61）使得我们可以逐个分潮计算净输送，最后再合成为总的输送。

显然，我们首先要对实际测量得到的潮流进行分析，得到各个分潮流的参数，以及非周期性流动的参数，然后才有可能使用式（5.61）计算净通量。因此，一方面要持续地分析浮标发回的测流数据，实时分析潮流的各个调和常数；另一方面，也要从长期观测结果中精确确定任何点的潮流常数，以保证在缺乏测流数据的时候仍然能够精确估计物质通量。如果使用调和分析得到的分潮，在式（5.61）中则还要考虑潮汐余流。

其次，我们可以对每个分潮按照其各自的周期进行积分，得到一个分潮潮周期内的净输送，然后再对积分时间段内的总输送进行积分，得到物质输送的净通量。以式（5.61）中的分潮 k 为例，有：

$$\int_0^T c_n(x,z,t) A_k(x,z,t) \sin(\omega_k t + \varphi_k) \, \mathrm{d}t = \int_0^T \vec{F}(t) \, \mathrm{d}t$$

$$\vec{F}(t) = \frac{1}{T_k}\int_0^{T_k} c_n(x,z,t)A_k(x,z,t)\sin(\omega_k t + \varphi_k)\,\mathrm{d}t$$

(5.62)

即在对积分时间 T 进行积分之前，先计算一个分潮周期内的平均净输送通量 F。由于这个积分是对分潮周期积分，不存在积分周期不完整产生的误差。然后，可以在时间上进行滑动，从不同的位相开始对分潮周期内的平均净通量进行积分，形成 F 的时间序列。对这个时间序列按照积分时间 T 进行积分，就会得到该分潮在时间 T 范围的总物质输送量。

采用这种积分方法消除了积分时间导致的分潮周期不完整产生的误差，可以保证通量计算的准确性。这种方法还有一个好处，就是这样选取的积分时间已经摆脱了分潮周期的限制，使积分时间可以以满足监测的需要为基础来确定，可以取为任何我们希望的值。积分时间 T 不宜过长，过长的积分时间会模糊天气尺度非周期性流动的作用效果。而且，过长的积分时间将降低通量监测的时效。由于监测时效非常重要，积分时间越短时效越好，我们可以根据需要取为几小时、半天或者一天。

非周期性流动实际上是不停变化的，其导致的物质输运也是不停变化的。如果积分时间取得不是很长，比如：数个小时，则时间变化曲线就可以反映比积分时间长一些的天气尺度过程。这种时间变化过程给出的是非常重要的信号源，体现了不同外界作用的条件下海洋中的物质输运变化，表现了监测海域对相邻海域的影响。计算非周期性流动的时间变化要充分应用滑动积分，即体现在积分窗口移动意义下的时间变化，这也是通量监测所特有的优势。

5.10　检出限，通量监测的关键

单位水体内污染物的含量称为污染物浓度。从本章前面几节的介绍来看，只要污染物浓度被准确地监测出来，通量的计算主要是物理问题。然而，对污染物浓度的监测能力也是通量监测的主要问题之一。

在海洋中，监测仪器分为海洋监测仪器和污染监测仪器。二者的区别是，海洋监测仪器通常是监测海洋中低浓度的物质，污染监测仪器往往是监测高浓度的物质。海洋监测仪器关注检出限，即能够检出的污染物质浓度的最小含量；而污染监测仪器关注最大浓度，即在高污染的情况下能够说清楚污染物浓度有多高。我们希望一个仪器或传感器既能有很低的检出限，又能够监测很高浓度，这样就能将海洋监测仪器和污染监测仪器统一起来。而实际上，受到测量原理的限制，这样的仪器很少。有些仪器非常精密，有很低的检出限，但对高浓度物质几乎不能测量；另外一些仪器可以检出排污口的污染物浓度，但对清洁海水中的微量污染物却不能识别。

我们这里指出，通量监测主要是针对低浓度物质的监测。主要有以下两大原因：

第一，由于污染物质在海洋中会被稀释，严重的污染事件经过一段时间的扩散和混合，污染物质的浓度就会大大下降，变得不那么明显。污染物浓度的下降并不意味着污染程度的降低，而只是表征了污染物被分散到更大范围的水体，其对环境的总体影响依然如故。如果污染物的浓度降低到仪器无法检出的程度，则污染事件就不会被观测到，我们也失去了确定排污量的基本依据。

第二，污染物质的检出限决定了通量监测是否可行。按照式（5.29），通量监测的物质输送量为浓度与速度在断面的积分，单位是 kg。如果断面长度为 10 km，平均深度为 10 m，平均流速为 0.1 m/s，则对通量的估值为

$$M_{估计} = 10^9 c_0/d \qquad (5.63)$$

这里，c_0 为最低检出限，$M_{估计}$ 是可能识别的通过断面的物质量，如果没有污染物输入，$M_{估计}$ 也是对海域内可能识别的污染物排放量的估计。如果 c_0 为 1.0 g/L，则污染物排放量需要达到每日百万吨（10^6 t），才能被通量监测系统识别出来，一般的企业没有这样大量的排污，这样的监测能力是不能构建有用的监测体系的。需要努力降低最低检出限，如果检出限降低到 1.0 mg/L，就可以检出海域内千吨级的排污，如果检出限为 1.0 μg/L，就可以检出吨级的排污。

当然，这只是粗略的估计。我们想表达的是，通量监测需要尽可能降低污染物的最低检出限，这样才能检出较小规模的排污。

还要注意的是，有些危害严重的污染物是含量极低的物质，需要高精密度的仪器才能监测出来，对检出限的要求将更高。

即使在洁净实验室的条件下，想使仪器的检出限降到很低也并非易事；在海洋条件下，不仅检出限是问题，而且仪器的漂移也是影响检出限的重要因素。因此，在通量监测实践中，要努力控制仪器检出限的量值和稳定性。

5.11　通量监测的自校正

前面讲到，通量监测需要断面上浮标的位置处于恰当的位

置上，能够准确代表断面上海流的分布和物质的分布，这样计算得到的通量误差很小。但是，流速和污染物浓度的分布都是随时间变化的，而浮标却是固定不动的，测量结果对通量的代表性将时好时坏。一旦积分的通量与实际通量的偏差较大，将产生较大的误差，威胁通量监测结果的可信性。实际上，浮标的数量总是有限的，通量监测也总是要有误差的。如何将误差降低到微不足道的程度，是我们需要妥善解决的问题。

为此，我们专门研究了一个通量监测的自校正方法（简称"自校正方法"），可望将通量监测的误差降低到最小。

两断面的通量是根据式（5.14）确定的。在监测海域内没有污染源排放的情况下，应该满足下式

$$\int_0^T \int_{X_1(Y_1)}^{X_2(Y_1)} \int_{-\zeta_1(x)}^{H_1(x)} c_{n1}(x,z,t) v_1(x,z,t) \mathrm{d}z\mathrm{d}x\mathrm{d}t$$

$$= \int_0^T \int_{X_1(Y_2)}^{X_2(Y_2)} \int_{-\zeta_2(x)}^{H_2(x)} c_{n2}(x,z,t) v_2(x,z,t) \mathrm{d}z\mathrm{d}x\mathrm{d}t \qquad (5.64)$$

但是，由于没有硬性的约束条件，无法保证式（5.64）能够得到满足。然而，如果我们明确知道在该海域没有排放某种污染物质，式（5.64）两端对该物质计算的通量就应该相等；如果二者不相等，则意味着计算误差是由于站位的布设、海底地形的分布等因素造成的。这些因素不仅影响无污染物排放时的通量，肯定也将影响有污染物排放海域的通量。我们认为，这种影响对所有物质通量的影响是相似的；一旦找出其规律，就可以对通量监测的结果进行校正，校正后的结果将大大提高通量监测的精度。这就是通量监测自校正的内涵。

如前面的讨论，单站水柱内的通量为

$$E_i(t) = \int_{\zeta_i(x)}^{H_i(x)} c_{ni}(x,z,t) v_i(x,z,t) \mathrm{d}z \qquad (5.32)$$

按照式 (5.31)，式 (5.61) 可以表达为

$$\int_0^T \left\{ E_{Y_1 1}(t)\delta_{Y_1} + \frac{1}{2}\sum_{i=1}^N \Delta x_{Y_1 i}[E_{Y_1 i}(t) + E_{Y_1 i+1}(t)] \right\}\mathrm{d}t$$

$$= \beta\int_0^T \left\{ E_{Y_2 1}(t)\delta_{Y_2} + \frac{1}{2}\sum_{i=1}^N \Delta x_{Y_2 i}[E_{Y_2 i}(t) + E_{Y_2 i+1}(t)] \right\}\mathrm{d}t$$

$$(5.65)$$

其中，β 为由于差分和地形造成的影响：

$$\beta = \frac{\displaystyle\int_0^T \left\{ E_{Y_1 1}(t)\delta_{Y_1} + \frac{1}{2}\sum_{i=1}^N \Delta x_{Y_1 i}[E_{Y_1 i}(t) + E_{Y_1 i+1}(t)] \right\}\mathrm{d}t}{\displaystyle\int_0^T \left\{ E_{Y_2 1}(t)\delta_{Y_2} + \frac{1}{2}\sum_{i=1}^N \Delta x_{Y_2 i}[E_{Y_2 i}(t) + E_{Y_2 i+1}(t)] \right\}\mathrm{d}t}$$

$$(5.66)$$

如果式 (5.65) 两端的积分值完全相等，则应该有 $\beta = 1$。如果 β 不等于1，则意味着测量断面站位布设和水深等因素导致的通量存在偏差。通过对无污染排放的参数计算得到 β，就需要在有污染排放的海域，对第2条断面的计算结果乘以 β，以消除误差。

我们有理由相信，β 是一个变化的量，随着流速和海面起伏发生变化。我们在计算通量之前都计算 β，消除 β 变化导致的误差。同时，对 β 的动态变化进行不间断地追踪，分析导致 β 变化的原因。

式 (5.66) 表明，确定 β 的是时间积分的结果。也就是说，瞬时的通量观测结果是不能确定 β 的，β 是两条断面在一定时间内净通量的差异产生的。

显然，这种自校正方法是非常重要的，可以达到降低计算误差的作用。β 的确定需要非常谨慎，当通量监测结果作为执法依据时也是最容易受到诘难的时候。因此，对于每一个海域，都要进行充分的观测和试验，将 β 的计算程序化，使确定的 β 值有充分可信的依据。一旦发现 β 的值出现明显异常，需要核对结果，避免将带有问题的通量监测结果提交。

因此，自校正方法就是在同时监测的多个监测参数中，找出一个在该区域内没有污染排放的参数，分别计算其在两断面中的物质通量；利用式（5.65）给出的等式关系，校正由于浮标稀疏和地形分布带来的误差，并给出订正系数 β。订正系数在计算最终各个参数的通量时使用。

第 **6** 章
通量监测的主要误差及控制

通量监测严格说来是监测沿岸输送的物质通量，有些并非沿岸物质通量的因素都将影响通量监测的精度，需要对其进行深入的分析，以确定这些因素对监测结果的影响，并努力消除这些影响。尤其重要的是，通量监测的结果应具有严格的法律效力，是污染治理的重要客观依据，通量监测的任何导致错误结论的结果都将影响被监测方的名誉和社会影响。对污染物质排放量的高估和低估都将损害海洋环境保护的事业。因此，认真分析通量监测可能产生的误差，并努力减少这些误差，保证通量监测结果的可信性，是确定通量监测模式可行性的重要工作之一。

通量监测的目标是计算监测海域内的排污总量。按照式（5.28）

$$\int_0^T Q_n(t)\,\mathrm{d}t = M_{n2} - M_{n1} + M_{n3} + \int_0^T \frac{\partial P_n(t)}{\partial t}\mathrm{d}t - \int_0^T D_n(t)\,\mathrm{d}t$$

$$(5.28)$$

排污量由等式右端5项计算。其中，右端前两项是两条断面上的物质通量，是用通量监测数据计算得到的，其计算误差在上面第5章已经得到全面的分析，经论证认为可以满足精度的需要。在流动较强的情况下，式（5.28）右端最后3项都比较小，分别为在离岸方向的物质通量、监测海域的平均浓度变化以及湍流扩散项在监测海域的积分作用。这3项可能引起的误差将在本章讨论。

此外，式（5.28）只包括溶解或悬浮于水体中物质的输送和变化，不包括密度大于海水密度的物质在监测海域产生的沉积过程。物质沉积对通量监测的影响所导致的误差也在本章中讨论。

6.1　海水离岸输运引起的误差

第5章介绍了在适宜的风场条件下，海水会产生离岸输运，将近岸海水中的污染物质运送到外海。在黄、东海近岸海域能够产生表层海水离岸输运的主要是夏季风（图6.1a），还有就是由南向北吹的大风过程。在科氏力的作用下，南来的沿岸风将产生穿越监测区域向外海的输送。在沿岸风的作用下，通常会引起下层海水的补偿运动。夏季风在将上层物质输出的同时，会将下层的外海物质输入到监测区域。冬季风或北风将产生表层水的向岸输送，由于外海水污染物质含量低，向岸输送产生的物质通量可以不考虑。在北风的作用下，表层海水向岸输运，而下层海水势必会发生离岸输运，也可以将下层海水中的物质输送到外海（图6.1b）。因此，离岸输运在各种风场条件下都可以发生，在渤海和其他走向的海岸，离岸输运与风场的关系与图6.1有所不同，甚至相反。

离岸输送的物质通量由式（5.11）定义，即通过监测区域的外缘（Y_1—Y_2连线）的物质通量。

$$E_{n3}(t) = \int_{Y_1}^{Y_2} \int_{-\zeta(X_2,y)}^{H(X_2,y)} C_n(X_2,y,z,t) u(X_2,y,z,t) \mathrm{d}z \mathrm{d}y$$

（5.11）

152

a. 夏季风情形　　　　　　　b. 冬季风情形

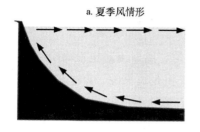 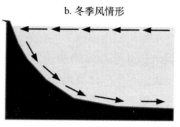

图 6.1　夏季风和冬季风引起的离岸方向物质输送

式中的 u 为离岸方向的流速分量。

用式（5.11）计算离岸输送的精度取决于外缘线上浮标的数量。要想精确测定离岸输送，需要在监测区域外缘布放浮标列。如果有 M 个浮标，式（5.11）可以表达为

$$E_k(t) = \int_{-\zeta_k}^{H_k} C_{nk}(y,z,t)\,u_k(y,z,t)\,\mathrm{d}z \tag{6.1}$$

$$E_{n3}(t) \approx \frac{1}{2}\sum_{k=1}^{M-1}\Delta y_k\big[\,E_k(t) + E_{k+1}(t)\,\big]$$

$$\sum_{k=1}^{M-1}\Delta y_k = Y_2 - Y_1 \tag{6.2}$$

由于式（6.2）中的参数流速离岸分量和物质浓度都是观测到的，可以方便地计算出离岸物质通量。

在通量监测的现有方案中，将通量监测的重点放在监测海域两端的断面上，而没有规划在离岸方向上布放浮标。在此前提下，只能用两端断面上最外侧浮标的数据来计算离岸输送，即

$$E_{n3}(t) \approx \frac{Y_2 - Y_1}{2}\Big[\int_{-\zeta(X_2,Y_2)}^{H(X_2,Y_2)} u(X_2,Y_2,z,t)\,C_n(X_2,Y_2,z,t)\,\mathrm{d}z +$$

$$\left. \int_{-\zeta(X_2,Y_1)}^{H(X_2,Y_1)} u(X_2,Y_1,z,t) C_n(X_2,Y_1,z,t) \mathrm{d}z \right] \qquad (6.3)$$

如果在区域外缘物质浓度比较均匀，离岸流速也没有突变处，按式（6.3）计算离岸输运的结果将是可靠的，产生的误差不大。但是，如果物质浓度梯度大且流速不均匀，计算误差就会偏大。对离岸输运计算精度的估计需要结合具体的海区才能给出，在此，我们无法给出误差的一般性分析方法。显然，对污染物质离岸通量的研究还不多，需要在构建通量监测体系的同时加强对离岸通量的观测和分析。但是，我们可以从离岸输运的物理特性得到以下认识：

离岸输运降低了海域内污染物的浓度，在式（5.28）中，表现为右端第3项和第4项之间的相互抵消。如果这两项都能得到精确的计算，不会影响对排污量的估计。但由于式（5.28）第3项是通过流速和污染物浓度计算的，而第4项是通过浓度的时间变化计算的，二者之间会有一定的差别，这种差别都形成了对排污量估计的误差。如果高估了离岸物质通量，会导致低估了区域内的排污量，客观上减轻了当地排污单位的责任，不会因为这项误差引发争议性或法律性的问题，也不会动摇通量监测的基石。但是，如果低估了离岸通量，就会导致对排污量的高估，会冤枉了当地企业。因此，需要在通量监测的发展过程中对离岸物质通量进行为期一年的观测，研究离岸物质输送的特点和强度变化，逐步减少或消除这些误差。

与沿岸流的通量相比，离岸输送通常要小1~2个数量级。首先，在沿岸流为主的环境下，离岸流的速度要小得多。夏季风虽然会产生离岸输运，但夏季风较弱，通常不会产生很强的离岸流。其次，由于我们设置断面时强调，断面的长度要涵盖污染物质的边缘，实际上靠近离岸断面的污染物浓度应该是整个监测海域的极小值。因此，一般情况下离岸的物质通量几乎可以忽略不计。但是在强南风的天气尺度过程作用下，可能会产生短时间内很强的离岸流，导致监测海域上层的污染物质大量向外海输送，形成可观的离岸物质通量。这时，我们要把强天气尺度过程发生的输运当做特殊的过程对待，并启动特殊过程的分析算法。在大风引起较大离岸输送的时期，由式（6.3）计算的离岸通量可能会很大，需要对通量监测的结果进行特殊评估，估算离岸输送估计误差对通量监测产生的影响，在最后的评估报告中给出更加客观的结论。

6.2　物质浓度变化率的误差

污染物浓度是海洋环境监测的重要物理量，多种污染物浓度的量值是确定海水水质的依据。监测海域的污染物浓度是经常变化的，因此，也是通量监测的重要内容。

在通量监测中，是将整个海域污染物浓度变化率与各个断面的物质通量和海域内部的排污建立联系，即整个海域某污染物浓度的变化取决于内部污染物的来源和各个边界上进出监测海域污染物质的通量。按照式（5.9）整个海域污染物浓度的积分表达为

$$P_n(t) = \int_{Y_1}^{Y_2} \int_{X_1(y)}^{X_2(y)} \int_{-\zeta(x,y)}^{H(x,y)} C_n(x,y,z,t)\,\mathrm{d}z\mathrm{d}x\mathrm{d}y \qquad (5.9)$$

其单位为 kg。如果污染物浓度 c_n 的分布已知，就可以计算出 $P_n(t)$ 及其时间变化。从式（5.28）可以看到，计算排污量需要了解监测海域污染物浓度的变化率 $\partial P_n(t)/\partial t$ 对时间的积

分。简单的积分结果实际上是两个时间点污染物浓度的差异，即

$$\int_0^T \frac{\partial P_n(t)}{\partial t} \mathrm{d}t = P_n(T) - P_n(0) \qquad (6.4)$$

考虑到监测海域中污染物浓度的变化可能受到短周期过程的影响，如果时间恰好取为某个突发的污染物浓度高值或低值，式（6.4）给出的结果会带有明显的误差。为此，我们宁可将这个积分表达为

$$\int_0^T \frac{\partial P_n(t)}{\partial t} \mathrm{d}t = \sum_{j=1}^J \overline{\frac{\partial P_n(t)}{\partial t}} \Delta t \qquad (6.5)$$

即对监测海域污染物浓度的瞬时变化率进行时间积分，以消除突发事件可能的影响。式（6.5）的物理意义是一段时间内污染浓度的总体增加或降低率。实际上，如果时间步长固定不变，式（6.4）和（6.5）的结果基本是一样的。

由于通量监测只在区域的两端设置断面，而在海域中部没有监测设备，只能用两断面的数据来估算区域的积分浓度。即

$$P_n(t) = \frac{Y_2 - Y_1}{2} \Big[\int_{X_1(Y_2)}^{X_2(Y_2)} \int_{-\zeta(x,Y_2)}^{H(x,Y_2)} C_n(x, Y_2, z, t) \mathrm{d}z\mathrm{d}x +$$

$$\int_{X_1(Y_1)}^{X_2(Y_1)} \int_{-\zeta(x,Y_1)}^{H(x,Y_1)} C_n(x, Y_1, z, t) \mathrm{d}z\mathrm{d}x \Big] \qquad (6.6)$$

如果海域内污染物浓度没有大的偏差，式（6.6）可以反映污染物浓度的积分变化。但如果区域内有大的污染源，则式（6.6）的计算结果可能会有误差，甚至相去甚远。

按照式（5.28），式（6.6）的结果与对污染物排放量的计算有密切关系。如果海域内有重污染，但尚未扩展到监测海域的边界上，用式（6.6）计算的变化率会导致对污染物浓度

变化的低估，从而导致对排污量的低估。这种低估客观上减轻了排污单位的责任，不会引起争议。反之，如果来自相邻海域的污染物质到达监测海域的通量监测断面，则会导致对排污行为的误判和对排污量的高估，产生有争议的后果。

这两种问题都是由通量监测的空间分辨率产生的。通量监测只能识别发生在与监测海域尺度相当的现象。对更小尺度的现象不能识别属于正常，由此造成的对污染物的低估也是必然的。在后续的监测中，污染物在运动中会被监测到，整个污染物的排放与扩展过程会被真实地还原。

通量监测对于监测到的污染物浓度骤变要采取谨慎的态度，首先要准确判断其来源，在有同步的流速监测中，可以明确知道断面上的污染物是来自两个相邻区域中的哪一个。其次，不会轻易用两个断面的数据评估该海域的污染物浓度变化，而是要重视对后续变化的监测，还原真实的污染物排放过程，发布污染评估报告。

这个结果也告诉我们，通量监测的两条断面之间的距离不宜过大，比较大的距离意味着比较低的空间分辨率和比较容易发生对污染物排放的漏报、误判和对监测时效的降低。这也是在通量监测设计中需要充分考虑的。如果由于各种原因，使得监测范围不能减小，则可以考虑在监测海域中间增加监测浮标，或者增加日常的巡航式监测和取样分析，以弥补空间分辨率不足产生的问题。

6.3　海洋湍流扩散引起的误差

湍流扩散的作用是使浓度的空间分布趋于均一，产生的通量将使最高的浓度降低，使最低的浓度升高。在这个过程中，污染物质通过海水的湍流运动向外扩散。在监测区域之内的湍流作用会导致污染物浓度的变化，由式（5.28）右端第 4 项来描述。右端第 5 项，也就是湍流扩散项，描述的是监测海域上下左右前后 6 个方向上由于湍流扩散产生的额外通量，由式（5.27）表达。也就是说，湍流扩散项的作用只体现了监测海域边界上的由湍流扩散作用引起的通量，而不包括监测海域内部由于湍流扩散引起的物质均匀化过程。

　　从式（5.28）可以看到，通量监测获得的结果是一定时间内通过的物质质量，而式（5.27）中的各项也具有同样的量纲，在物理上表达了湍流扩散的作用引起的在一定时间内通过各个断面的物质质量，可以与海流引起的物质通量相比较。本节将分析湍流扩散产生的通量，并由此估计湍流扩散对通量监测可能引起的误差。

（1）水平湍流通量

　　以式（5.25）为例估计水平湍流扩散产生的物质通量。

$$T_{Y_1} = - \int_{X_1(Y_1)}^{X_2(Y_1)} \int_{-\zeta(x,Y_1)}^{H(x,Y_1)} \left(B_H \frac{\partial C_n}{\partial y} \right)_{Y_1} \mathrm{d}z \mathrm{d}x \qquad (5.25)$$

其中，B_H 为水平方向的湍流扩散系数，表达了海洋的湍流运动状态。海洋中湍流运动的强弱差别很大，湍流扩散系数的差别可以达到几个量级。在近岸海域，潮流受到海底和海岸摩擦的影响，产生较强的湍流运动，因此，近岸海域的湍流运动总是很强。海洋上风暴的作用也会加大湍流的强度。水平湍流扩散系数的量级为 $0 \sim 10^4 \ \mathrm{m}^2/\mathrm{s}$。

　　湍流扩散与物质浓度的空间均匀度密切相关：物质浓度的梯度越大，同样湍流状态下扩散的物质越多。设面积为 S，y 方向特征距离为 Y，则按照式（5.25），湍流扩散引起的通量

量级为

$$o(T_Y) = \frac{B_H C_n S}{Y} \tag{6.7}$$

而由式（5.14）确定的通量量级为

$$o(E_n) = v C_n S \tag{6.8}$$

一般情况下，$o(B_H) = 10^2 \text{ m}^2/\text{s}$，$o(Y) = 10^4 \text{ m}$，$o(v) = 1 \text{ m/s}$，则有

$$\frac{o(T_Y)}{o(E_n)} = \frac{B_H}{vY} \leqslant 10^{-2} \tag{6.9}$$

也就是说，湍流的影响只是平流作用的百分之一的量级。如果浓度梯度更小一些，或者平均流速更大一些，湍流扩散引起的通量将更小。在风暴引起极强的湍流运动时，湍流扩散系数最大可以达到 $o(B_H) = 10^4 \text{ m}^2/\text{s}$，按照式（6.9），湍流引起的通量会与海流引起的通量达到相同的量级。但是，在这种情况下，强烈的湍流会使浓度梯度迅速降低，导致湍流扩散引起的通量快速降低。湍流的作用通常不大，至少在沿流方向上可以不考虑湍流扩散的作用。

在离岸方向，湍流扩散导致的通量如式（5.22）确定

$$T_{x2}(t) = -B_H \int_{Y_1}^{Y_2} \int_{-\zeta(X_2,y)}^{H(X_2,y)} \frac{\partial C_n(X_2,y,z,t)}{\partial x} \mathrm{d}z \mathrm{d}y \tag{5.22}$$

其量级可以用式（6.9）来估计。这个通量虽然不大，但与海流引起的离岸方向的通量相比可以达到相同的量级，因为通常离岸方向的流速很小，只有 $10^{-2} \sim 10^{-1} \text{ m/s}$。大风时湍流运动加强，湍流扩散引起的通量会更大，成为物质离开监测海域的途径之一。但是，从对通量监测的影响角度看，沿岸方向和离岸方向湍流扩散引起的物质通量量级相同，可以合并考虑。

总之，在低海况时，水平湍流扩散的作用引起的通量只有

百分之一的量级，基本可以忽略不计，只有在风暴引起的高海况时需要考虑湍流扩散引起的通量。为了解决这个问题，需要基于通量监测的数据，动态计算湍流扩散引起的附加通量，使通量监测的结果更加精确。通量监测既给出断面上各个站位的浓度梯度，可以用来估计离岸方向的湍流扩散通量；又给出了两条断面上物质浓度的差异，可以用来估计沿岸方向的浓度梯度。按照式（5.36）和（5.22），可以估算海水湍流扩散运动产生的物质通量。

湍流运动产生的湍流扩散通量如果是离开监测海域的，按照式（5.28），既由其右端第5项体现为负的通量，又可以由其右端第4项体现为物质平均浓度的降低。在理论上，二者应该完全相等，使得对排污量的估计不随湍流扩散的因素发生变化。但是，式（5.28）第4项由浓度变化数据得出，而第5项由湍流系数确定，二者之间不可能完全相等，二者之差会形成对排污量估计的误差。在通量监测的同时，需要对湍流扩散通量与浓度变化的一致性进行持续的评估，一旦发生显著的差异，则要分析其原因，对通量的计算结果进行校正。

（2）海气界面的湍流通量

在垂直方向上，湍流通量分为海气界面的物质通量和海底沉积和再悬浮引起的物质通量。

严格来讲，海气界面的物质通量是指由于大气和海水中污染物质的浓度差导致的污染物质的扩散。显然，由于大气的密度远低于海水，大气中污染物质的浓度与海洋相比会低很多，因此，纯粹由湍流扩散引起的海气界面物质通量是可以忽略不计的。在真实的过程中，大气中会有一些气溶胶类物质沉降到海洋中。如果来自大气沉降的物质不溶于水且密度大于海水，会直接沉积到海底，不会增加海洋中同类物质的浓度，可以不予考虑。但是，如果通过沉降由大气进入海洋中的物质溶解于水，则需要予以考虑，以恰当的方式引入通量监测的算法中。我们认为，大气沉降引起的物质通量可以用式（5.27）中的 T_s 作为海洋顶部的通量引进通量监测之中，虽然这种通量与海洋的湍流运动无关。

实际上，来自空气中的物质也可以作为物质源项引入到通量监测的算法中。但是，我们倾向于不作为源项来考虑，原因是，源项的积分结果体现为排污量，用来指出由监测海域范围内进入海洋的人类排污量。来自大气中的物质虽然也有人类排放的物质，但是这些物质并不是从监测海域岸边排放入海的，无法认定为该海域附近的排污量，因而作为物质源项考虑没有意义。

但是，本书介绍的通量监测只是对海洋中物质通量的监测，对空气中沉降的物质通量往往需要通过另外的大气化学监测获得。如果没有对大气沉降物质的监测，大气中沉降的物质就无法以通量的形式正确输入，实际上还是将其归结为排污量之中。如果大气沉降的污染物质与近海排放的污染物质相同，则会造成对排污量的高估。

好在大气中的污染物质含量很低，其沉降的物质通量也不大，与海洋中的物质成分又有明显区别，对通量监测的影响不大，也不会对排污量的估计产生显著的影响。但是，在实施通量监测时，还是要对监测海域的大气沉降物质通量做持续一年的观测，尤其要对沙尘暴、霾等天气条件下输入到海洋中的物质通量做精细的观测，确切了解大气沉降对监测海域影响的强度，以便对其导致的误差有明确的估计。

海洋中的有些物质会通过湍流扩散离开海洋，产生的物质通量不会很大，可以不予考虑。还有，海洋中的有些污染物质具有挥发性，会通过海洋上表面离开海洋，湍流的作用也会对挥发速率有显著影响，在分析具体物质时也需要予以考虑。

总之，由于海气间物质通量缺乏观测与研究，在设计通量监测系统时可以暂不考虑，而是需要通过观测了解海面物质通量，待条件成熟时引入到通量监测的算法之中。

（3）海底界面的湍流通量

计算海底的湍流物质通量需要了解垂向海洋湍流扩散系数。如前所述，海洋湍流系数的变化范围是很大的。按照 Pacanowski 和 Philander（1981）的研究结果，海洋的垂向湍流扩散系数与流场的垂向剪切和垂向密度层化相联系，并提出适用于垂向剪切和层化的湍黏性系数与湍扩散系数算法，简称 PP 算法。

湍黏性系数和湍扩散系数是时间和空间的函数。描述湍流运动的方程称为雷诺方程，其中除了平均运动的黏性应力外，还多了一项由于脉动所引起的应力，称为湍应力或雷诺应力。描述海洋湍流的模型很多，它们作为雷诺方程的补充，构成了闭合的方程组，成为众多模式的理论基础。传统的湍流理论认为湍流应力正比于平均速度 U 的梯度（撇号表示脉动量）

$$\langle w'u' \rangle = -A_z \frac{\mathrm{d}U}{\mathrm{d}z} \qquad (6.10)$$

比例系数 A_z 称为垂向湍黏性系数。与湍流动量输运相类似，也可以认为湍流引起的物质通量也与浓度平均量的梯度成正比，称为湍流扩散系数。如垂向湍流物质扩散率可以定义为：

$$\langle w'C_n' \rangle = -B_z \frac{\mathrm{d}C_n}{\mathrm{d}z} \qquad (6.11)$$

式中，C' 是污染物浓度的扰动量，B_z 为垂向湍扩散系数。

流的切变和海水的层化可以用理查森数来描述，

$$Ri = - \frac{(\mathrm{d}\sigma/\mathrm{d}z)g/\rho}{(\partial U/\partial z)^2 + (\partial V/\partial z)^2} \tag{6.12}$$

式中，分母是水平平均流速分量 U 和 V 的垂向梯度，用来表征湍动能；分子表征了因浮力作用而运动失去的能量，其中 g 为重力加速度，ρ 为海水密度，σ 为海水条件密度。理查森数确立了湍流运动与平均运动之间的联系，使我们得以用较为容易获得的平均运动数据来计算湍流参数。式（6.12）中所有的参数都可以从通量监测浮标获取的数据中获得。

湍黏性系数和湍扩散系数都可以与理查森数建立联系：

$$A_z = \frac{\upsilon_0}{(1 + \alpha Ri)^n} + \upsilon_b \tag{6.13}$$

$$B_z = \frac{\upsilon}{(1 + \alpha Ri)} + \kappa_b \tag{6.14}$$

式中各个参数都需要经验地给出。式（6.13）和（6.14）在中低纬度海洋里取得了较为理想的效果，成为众多模式所采用的湍流系数的参数化方案。由 PP 算法获得湍流扩散系数后，就可以对海底界面的物质扩散给出估计。

海底是固体，阻隔了物质向下的湍流输送。在这个意义上，海底的湍流通量应该为零。但是，由于海底有一定厚度的不稳定沉积层，湍流的作用会引起海底的物质进入海水。我们需要把可以从海底进入海水的物质分为两类，一类可以溶解于海水或密度与海水相当可以悬浮在海水中的物质，这类物质会通过海洋湍流的作用扩散到海水之中；还有一类是不溶解于海水且密度大于海水的物质，这类物质是由于海水动力学的挟沙能力的变化导致的沉积或再悬浮过程。后一类的情况不能用物质扩散方程来描述，我们在本章后面再详细介绍。

海底沉积物中的有些物质会从固体中析出，进入间隙水

163

中，成为物质浓度很高的水体。在湍流的作用下，间隙水中的物质会进入海水，成为新的污染源。海底的湍流扩散通量主要取决于间隙水与海水之间的物质浓度差。如果间隙水中某污染物质的浓度很大，其引起的物质通量是不可低估的。

6.4　污染物质的沉积

河流输入是近岸海域污染物质的重要来源。河流输入的污染物质如重金属，氮、磷和难降解有机污染物等通常是以溶解态和颗粒态两种形态进入海洋。

以颗粒态输入的污染物质大部分会伴随悬浮颗粒一起沉积到河口区域和近岸海域。污染物质会对底栖生物或依靠沉积物生存的生物产生直接的毒害作用，并通过食物链富集和传递，最终对人类健康造成影响。其中，重金属污染因其持久性、生物富集和放大作用而倍受关注，沉积物中的污染物质本身是需要监测和评估的现象，而通量监测无法解决沉积物中的污染问题。

溶解态的污染物质容易被海洋吸收，即生物可利用性强，因此对海洋生物的危害较大。但被生物利用的污染物质会随着生物的死亡重新释放到海水中，或伴随生物碎屑沉积到海底沉积物。因此，海洋沉积物是陆源污染物质的最终归宿。

絮凝（flocculation）是悬浮于水中的细颗粒泥沙因分子力作用凝聚成絮团状集合体的现象。通常河水中泥沙之间并不发生明显的分子力，而当河流入海后，电解质强弱不同的咸淡水相互交融时，河水中所带的胶体颗粒（一般小于 2.0 毫米）上吸附的离子与海水中的离子发生交换，并使泥沙颗粒之间发生吸引，凝聚成絮状团块的现象。絮凝后的团块密度增大，发生沉降而生成动态沉积物。在通量监测中，我们关心两个参数，一个是絮凝率，即各种污染元素在特定的时间内有多少被絮凝；另一个是沉降率，即发生絮凝的物质在特定的时间内有多少发生沉积而离开水体。

各种物质的絮凝率是不同的。林植青等（1985）对金属物质曾做过实验，表明珠江河水与海水混合后，铁和铅几乎完全絮凝，其他元素的絮凝率如下：铜为76%，锰为51%，铝为48%，锌为28%，硅为1.2%。显然，大量的铁和铅会因絮凝而沉积，使海水得到自净；而硅的絮凝率很低，会在海水中不断扩散。

李九发等（2008）在2006年2月枯季和8月洪季进行了现场观测，研究了絮凝颗粒粒径、浮泥层容重、浮泥层厚度等参数，用来测定水相和悬沙中金属离子和有机碳等化学元素以及悬沙颗粒粒径等。长江河口实测期间絮凝颗粒实测最小粒径为27.4微米，最大为107微米，粒径均值为63.2微米，是分散单颗粒粒径的10倍多。利用这些数据，对各种金属阳离子以及有机质等絮凝影响因子作了详细的研究，揭示了长江口絮凝形成过程及变化机理，提出 C（黏土）－P（阳离子）－OM（有机化合物）的絮凝机理。

室内絮凝实验表明，随着金属离子浓度增大，细颗粒泥沙絮凝率逐渐增大，絮凝体粒径增大，电位绝对值变小。随着腐殖酸浓度增大，细颗粒泥沙絮凝率降低，絮凝体粒径增大，电位绝对值增大。这主要是有机裹层的存在使絮凝体的电负性增大，增加了絮凝体的稳定性。腐殖酸和盐度的共同作用使细颗粒泥沙可以形成较大絮凝体。腐殖酸等有机质的存在使得泥沙颗粒较易黏连在一起，形成较大粒径的疏松絮凝体。盐度的作用机制是在提供电解质，压缩双电层，形成密实絮凝体。高浓度的阳离子可以连接多个荷负电的絮团，形成更大絮凝体。可见各絮凝剂单独存在时的絮凝机理与多组分共同作用机理有明显不同，C－P－OM复合絮凝模式可以较好的解释长江口高浊度区细颗粒泥沙絮凝体的形成机制。

沉降率主要体现了由于沉降离开水体的物质絮团所占的比例。雷坤等（2001）在东海陆架北部泥质区取得悬浮体和底质样品，通过粒度分析和扫描电镜及能谱分析，探讨了悬浮体的絮凝沉积作用。结果表明，生物因素是泥质区悬浮体的发生絮凝的机制之一，可影响悬浮体在海水中的行为。生物活动产生的软组织、分泌物和黏膜等有机质可将矿物碎屑和生物骨屑黏结、吸附和捕集在一起形成絮凝体而迅速沉积。在悬浮体含量较低、水化学环境相对稳定的东海陆架，絮凝作用是泥质区得以形成的关键过程之一。

界面化学的发展以及先进的现场观测仪器为解决这一问题提供了契机。长江河口细颗粒泥沙中有机性颗粒占总颗粒的60%～75%，细颗粒物质主要为黏土矿物，粗颗粒物质大于8微米主要为有机附着或具有有机裹层的黏土矿物集合体，同时由于河口的特殊地理位置，盐度的变化由口内径流至口外近海逐渐增加，各种阳离子浓度也出现相同的变化趋势。

沉积物是大多数海洋污染物的最后归宿和储藏库。在底层海水和沉积物界面发生着复杂的物理、化学和生物过程。其中微生物氧化还原作用是重要因素。由于海洋监测仪器无法测量较大絮凝团中含有的物质量，絮凝会导致监测数据的误差。但由于絮凝作用降低了监测值，会导致对排污量的低估。

关于絮凝率和沉降率的研究还很不充分，尤其还不知道污染物质在比较短的监测期间会有多大的比例发生絮凝和沉降，也不知道污染物质在一个监测区域停留时间的长短对通量监测结果的影响有多大差别，需要结合通量监测加强研究。

6.5　沉积污染物的再悬浮

人类活动产生的各种污染物质，尤其是重金属，会通过吸附、絮凝等物理和化学过程，大部分转移到颗粒态而最终沉积于近岸海域。在沉积率较高的海域，大量的重金属会被持久埋藏，对海洋形成永久自净。在特定的条件下沉积物中的污染物质会重新释放进入水体而成污染源，这些都是通量监测需要关注的问题。

浅海表层沉积物会由于底层流和波浪的作用再悬浮而回到水体，或被底层流搬运而再迁移在另一地点再沉积。进入沉积物的部分污染物经过长期的成岩作用可以最终埋藏在沉积物中。表层沉积物中有机结合态污染物可被氧化、分解而进入间隙水。由于污染物浓度在间隙水中高于上覆水，浓度梯度产生的扩散作用可使污染物从间隙水向上覆水扩散而形成对水体的"二次污染"。沉积物的缓慢蓄积过程还受到底栖生物，如掘穴动物扰动作用的影响。底栖动物不仅可以搅动沉积物改变理化环境，如改变溶解氧含量和氧化还原电位，而且能增强沉积物－间隙水间的交换作用。底栖动物对某些污染物的摄入、积累和排泄作用也是深海污染物的一种重要迁移过程。

有些物质不溶于水，且密度又比海水大，会由于动力学的作用进入海水，称为沉积物质的再悬浮。产生再悬浮的因素很多，包括：海浪引起的掀沙作用，破坏海洋的沉积稳定性；海流导致的挟沙能力的增大，使不稳定沉积的物质进入海水；海底的粗糙度影响了海底湍流运动的强度，海水的深度决定了海洋动力过程的作用强度，沉积物的颗粒大小决定了在同样动力条件下有多少沉积物质能够进入海水。

　　如果这些沉积物再悬浮并未与海水进行物质交换，也就是并未对海水中的物质含量产生影响，在通量监测中几乎可以不去过问再悬浮的问题。遗憾的是，随着沉积物质的再悬浮，会大大增加沉积物中的一些物质进入海水，溶解于水或悬浮于水。这些增大的物质浓度会被通量监测的仪器查知。因此，我们无法回避再悬浮的问题。

　　实际上，我们关心的不是再悬浮的物质通量，而是在沉积物质再悬浮过程中，有多少已经沉积的物质再次进入海水，也就是进入海水的物质通量。显然，这是非常难以精确定量给出的参数。

　　在低海况的条件下，再悬浮的物质通量可以忽略不计，只需考虑大风引起的再悬浮过程。大风引起的再悬浮在整个海域都会发生，两断面的有关物质浓度都会增大，即式（5.28）右端第 4 项会体现监测海域污染物浓度的增大。在此情况下，如果我们知道再悬浮过程产生的溶解于水的物质通量，即可与污染物浓度的增大相抵消，不会造成对排污量的高估。按照前面的介绍，部分溶解于水的物质或者密度与水体相当的物质可以通过湍流运动从海底进入海水。对整个海域进行积分，即可得到如式（5.18）给出的湍流扩散物质通量

$$T_b(t) = -\int_{Y_1}^{Y_2} \int_{X_1(y)}^{X_2(y)} B_Z(H) \frac{\partial C_n(x,y,H,t)}{\partial z} \mathrm{d}x\mathrm{d}y \quad (5.18)$$

我们很希望给出某物质的再悬浮通量 T_b，但由于难以确知海底表层沉积物再悬浮过程中释放到海水中的物质量，定量给出再悬浮引起的物质通量在短期内还难以实现。

　　由于不能确知再悬浮引起的物质通量，监测到的污染物浓

度的增加将会高估进入监测海域的排污量，成为通量监测的重要误差来源。因此，在大风期间，发布排污量的监测结果时要特别小心，要消除再悬浮过程的影响。

我们希望能对大风期间的再悬浮产生的物质通量量级有更多的了解，对误差给出定量的估计。目前，沉积动力学有很多与再悬浮有关的研究结果，这些成果主要是分析动力过程与沉积物质之间的联系，可以用来估计特定动力条件下发生的再悬浮过程。但是，这些估计结果并不是监测结果，只能用作参考。

为了解决沉积污染物的再释放问题，需要对监测海域各种风浪流条件下的沉积物释放过程进行深入观测与研究，获取再悬浮率或释放率，深入研究再悬浮现象和底栖污染物质的释放，评估其对通量监测的影响。通量监测必将带动关于再悬浮物质通量的定量研究，使污染监测出现新局面。我们期待沉积动力学方面更多的成果能够充实通量监测的理论和实践。

6.6　沉积物质的推移

在沿岸海域，一些不稳定沉积物会随着底流的作用，沿海岸方向移动，我们称之为推移。

不稳定沉积物的推移运动通常是往复式运动，在断面附近的沉积物会不断地进进出出，在一段时间内形成净通量。推移并不是沉积物在海底的滑动，而是沉积物呈蛙跳的方式移动，沉积物颗粒受海水湍流的作用激发而升入水中，而后，又由于海水挟沙能力的不足而重新回到海底。在此期间，沉积物颗粒净移动了一段距离，就是所谓的推移。海底附近充满了这种起起伏伏的运动，形成了沉积物的推移运动。

推移的物质是在监测海域形成的，但一旦穿过区域间的断面，就会进入相邻海域，成为那个海域的沉积物，会在那里污染上覆的海水，成为新的污染源。在靠近河口的海域，容易发生大范围沉积不稳定状况，推移的物质通量会很大。因此，我们要估计推移物质通量及其内部包含的污染物质通量，了解其对相邻海域水质潜在的影响，避免这些物质被错误地算在相邻海域的排污活动中。

关于推移的研究很有限，人们对推移的研究还是以定性的概念为主，缺乏监测的依据，因为推移运动确实难以监测。最新的研究表明，可以用水下图像的方式监测推移运动，计算动态的推移物质通量，但距离监测的需要还有较大的距离，需要相关科学和技术的发展。

由于对推移物质的通量不清楚，也就难以确定有多少推移物质进入相邻海域，这些物质是保持沉积状态还是进入悬浮状态，是稳定沉积还是向深海输送。因此，推移运动对通量监测造成的误差也很不清楚。解决这个问题需要在监测海域有目的性地开展更多的海上试验，全面了解不同季节推移质运移的规律，通过对试验结果的充分分析，深入了解推移物质通量及其对海水污染物质浓度的影响。由于通量监测是对海水中溶解和悬浮物质的监测，不能包括对沉积物推移通量的监测，需要建立推移质误差评估模型，定量评估推移运动对通量监测造成的误差，使这个问题得到全面解决。

6.7　污染物质的汇

本章前面各节主要阐述了影响排污量估计精度的影响因子，主要是离岸输运，平均浓度变化、湍流扩散通量产生的误差。此外还讨论了沉积、再悬浮和推移运动可能产生的误差。本节讨论监测海域中能够使污染物浓度降低的因素，也就是污染物质的汇。

其实，前面的讨论中已经涉及了一下导致污染物浓度降低的因素，包括：湍流运动导致的从 3 个垂向断面输出的物质通量，离岸平流导致的污染物质输出通量，吸附与絮凝过程导致的海水物质含量的减少，海洋沉积过程导致的污染物质的埋藏。这些过程都可以看做是海洋污染物质的汇。有些导致污染物质减少的并不是真正的汇，而是动力作用的结果；但是，广义上这些过程也属于汇的性质，这些过程构成了海洋的自净能力。

此外，本章还将讨论另外一些"汇"：

（1）生物降解过程

在海上石油开采作业或海上石油运输过程中，由于事故导致的溢油是重要的污染源。对于消除海洋石油污染，生物降解法具有独特的优越性，利用海洋微生物降解石油来消除海上的石油污染越来越受到重视。溢油的一部分通过蒸发、光氧化或沉积过程从海水中消失，其他部分最终要依靠生物降解，微生物群落对石油烃的生物降解是高效、安全的方式。影响生物降解的因素分环境因素和生物因素，它们决定了石油烃降解的速率和程度。

石油烃的化学组分对生物降解有较大影响。烃组分可以分为四类：饱和烃（烷烃和环烷烃）、芳香烃（苯、甲苯、萘、蒽、菲等）、树脂（嘧啶、喹啉、咔唑、亚砜和氨基化合物等）和沥青质（苯酚、脂肪酸、酮、酯、卟啉等）。不同的烃对生物降解的敏感性不同，一般直链烷烃对降解最敏感，其次是支链烷烃，最后是低分子量的芳烃和环烷烃。细菌对饱和烃的降解率最高，轻质芳烃次之，高分子量的芳烃和极性组分降解率最低。石油烃的物理状态对其生物降解也有明显的影响。分散到水中的油组分形成油包水型乳化液，油滴表面积越大，细菌对烃的利用率越高。

除了油的性质与状态之外，温度和氧也是影响生物降解的重要因素。温度影响石油烃的物理性质和化学组分、微生物的代谢速率和微生物群落组成，间接对烃的降解速率产生影响。通常温度越高，细菌对石油烃的降解率越高。但超越一定温度值，这些细菌将无法降解污染物。自然界的烃主要受微生物的好氧降解，但也存在可以代谢烃的厌氧细菌。

此外，海洋中还发生多种生物降解。如：糖类、脂肪类、蛋白质类的生物降解。

这些降解过程会导致污染物质的减少。需要通过深入的海洋考察，分析这些降解过程的降解率，减少对通量监测的分析误差。

（2）挥发性物质的蒸发与挥发

石油或其制品中有一些挥发性组分会在进入海洋后通过挥发的作用进入大气，减轻了海洋污染的程度。汽油、柴油等成品油中挥发性组分占的比例很高，原油中也有一定比例的挥发性组分。石油与挥发速率与各组分的蒸汽压有关，随着易挥发组分的首先溢出，剩余部分蒸汽压逐渐降低，蒸发速率自然下降。挥发构成了石油污染的汇。虽然通量监测没有监测挥发物质的内容，但如果真的发生石油污染，仍然需要对已经挥发的溢油量给予估计，以比较准确地估计溢油量。

大多数溶液存在挥发现象，因为它们分子间的吸引力相对较小，液体分子无规则的运动直接导致部分分子离开液体进入空气。溶质不同，表现的挥发性也不同。溶解于海水的污染物质中都或多或少带有挥发性组分，也会通过挥发降低部分含量。例如：煤气洗涤、炼焦、合成氨、造纸、木材防腐和化工行业的工业废水的挥发酚，来自自然过程形成的海洋挥发性卤代烃 VHC（volatile halocarbons），来自陆地污染的其他挥发性有机物（VOC，Volatile Organic Compound）等。对这些挥发性物质的估计有助于准确估算监测海域内有关物质的排污量。

（3）生物体内的富集

生物富集（bio-concentration），又称生物浓缩，是指生物有机体或处于同一营养级上的许多生物种群，从周围环境中蓄积某种元素或难分解化合物，使生物有机体内该物质的浓度超过环境中的浓度的现象。生物富集与食物链相联系，同一食物链上的高营养级生物，通过吞食低营养级生物蓄积某种元素或难降解物质，使其在机体内的浓度随营养级数提高而增大。生物并非对各种污染物质都产生富集，而是取决于以下 3 个条件：污染物在环境中是稳定存在的，污染物是生物能够吸收的，污染物是不易被生物代谢过程所分解的。

在海洋中，海洋生物对绝大部分污染物都有富集能力，包括：重金属、有机物、石油烃、农药、放射性元素、内分泌干扰素等。重金属容易富集在海洋生物体的肾、肝脏、性腺、鳃内。贝类体内也容易富集各类重金属。石油烃类也很容易在生物体内富集。有机氯等成分的除草剂、灭虫剂，以及工业上应用的多氯酸苯等也通过海洋生物体富集。

生物富集一方面危害生物的健康，导致生物的各类疾病。人类食用后会传递到人体，危害人类的健康，产生的危害性就更大，每年因生物富集毒素中毒的人数多达 10 万人以上，人类所患的一些新型的癌症与此也有密切关系。另一方面，生物对污染物质的富集过程导致海洋中污染物质的减少，也是一种

173

汇。这种汇对污染物的影响程度与季节有关，也与特定生物的生活习性有关。在通量监测中，需要估计这种生物汇的效应，在条件具备的情况下，对排污量的监测结果进行订正。

第 7 章
通量监测与常规监测的衔接

在通量监测问世之前，关于海洋环境已经有一整套监测体系，也就是环境质量监测，包括监测内容、监测方法、监测标准和监测手段。通量监测是以环境质量监测为基础的，通量监测的各种要素都要满足环境质量监测的内容，而不是另起炉灶。通量监测由于考虑了通量的内容，成为环境质量监测的重要外延。另外，通量监测采用的是浮标监测法，与常规环境质量监测也有不同，如何将通量监测数据与常规监测数据对接，是通量监测的重要内容之一。本章主要介绍通量监测与常规环境质量监测的比较和衔接，确保通量监测从一开始就与环境质量监测有密切衔接。只有这样，才能使通量监测与环境监测统一起来，具有旺盛的生命力。

7.1 通量监测与海洋环境质量

环境质量（Environmental quality）是环境监测的核心之一，一般是指环境的总体或环境的某些要素对人类的生存和繁衍以及社会经济发展的适宜程度，是按照人类要求形成的对环境评定的一种概念，用环境质量的优劣来表示环境遭受污染的程度。评价环境质量的优劣，要以国家颁布的环境质量标准为依据。

海洋环境质量是指海洋环境受到污染的状况。海洋中的物

175

质成分相当复杂，有人为输入的物质，也有自然生成的物质。随着社会和经济的发展，海洋承载着一定数量的社会发展产生的物质，人类不得不容忍经济发展导致的环境质量降低。因此，环境质量好坏是相对的，是视环境对人类的影响而定的，要由人来评判。人类根据自己的需要制定海洋环境质量标准，作为衡量海洋环境质量好坏的尺度。标准需由政府颁布，具有法律的约束力。

海洋环境质量标准分为 3 种，即海水水质标准、海洋沉积物质量标准和海洋生物质量标准。我国涉及海水水质的标准只有一个，就是《中华人民共和国海水水质标准》（GB 3097 - 1997），在本书 1.4 节有全面的介绍。

制定海水水质标准时通常要考虑两大因素。首先，要通过调查研究，掌握环境要素的基本情况，了解一定阶段内海水中污染物的种类和浓度，确定海洋环境质量的"基准"。其次，"标准"的确定要考虑适用海区的自净能力或环境容量，以及该地区社会、经济的承受能力。在此基础上，选取适当的环境指标，确定海水水质标准。

环境质量与海水中所含的物质含量有关，实际上表达的是海水中所含有害物质成分的数量。污染物质的种类很多，见本书第 3 章的介绍。海洋环境质量实际上是由这些污染物质所共同决定的，例如，有时海洋被某种物质严重污染，而对另外一种要素海洋可能还是清洁的。但是，人们不可能监测所有污染物质的含量，只能选择有代表性、指示性的环境参数进行监测，并根据国家标准和监测数据评判环境质量。在海水水质标准中将海洋水质分为 4 类，给出了 35 类 39 种物质，并给出每类水质各种物质需满足的含量范围。

常规海洋环境监测主要监测海水水质，了解海洋环境质量状态。通量监测的核心使命是监测环境质量的变化及其原因。因此，通量监测也是环境质量监测的重要手段。

通量监测推动了海洋水质参数的长期连续监测，通过集成在浮标平台上的仪器和传感器，同时进行多参数的连续监测，并将监测数据实时传送回岸站。由于现有的监测手段主要是通过海上取样来获取水质参数，而通量监测对水质参数的长期连续监测将使水质监测时效性获得质的飞跃。监测部门可以通过通量监测系统及时获得海洋污染的信息，并可以及时采取有效的对策。通量监测由于是断面监测，可以确定污染物质的去向，了解污染物质对海洋环境的影响。通量监测不仅强调对指示性物质的监测，而且还强调对具体污染物质的监测，便于通过海上获取的污染物质数据查找到污染源。

通量监测的数据只要足够精确，就可以直接用来对海洋环境质量进行评价。靠现场采样方式只能了解一定时间段内的海水水质状况，而通量监测数据密集，可以支持给出任意时间段的环境质量报告，例如：除了环境月报之外，还可以给出环境周报甚至日报。通量监测的高频观测能力能够及时发现并了解突发污染事件的发展过程，有利于环境监测部门及时采取对策。因此，通量监测与海洋环境质量监测不仅没有矛盾，而且是对环境质量监测的推动和加强。

7.2 通量监测与总量控制

随着沿海的经济建设规模不断扩大，以海洋为依托的资源开发利用活动逐渐增加。与此同时，工业废水、生活污水及其他有害物质通过直排口或其他途径排入海洋，同时各大江河携带的污染物最终也汇入海洋，致使近岸海域水质逐渐恶化，石油类、营养盐、有机物和重金属等污染物污染事件呈上升趋势，部分海域的环境质量退化。我国现有《海水水质标准》和《污水综合排放标准》都是以浓度为基础的标准。然而，对海水水质的监测只能了解海洋环境的质量状况，而不能有效地扼制海洋环境的污染。

2011 年初，国家海洋局刘赐贵局长提出："要更加重视海洋环境，实行污染物排放标准和总量控制"。他在 2011 年 12 月举行的全国海洋工作会议上报告"凝心聚力、攻坚克难、奋力夺取海洋事业发展的新胜利"中进一步指出："要加快对渤海污染总量控制的研究进度，尽快提出控制指标，力争在渤海的综合整治上早日取得实效"，"研究制定并实施海洋环境容量和总量控制相关规划、标准，严格控制陆源污染物排放。"

污染物总量控制（total mass control of pollutant）是以环境质量目标为基本依据，对区域内各污染源的污染物的排放总量实施控制的管理制度。对每个海域设定一个允许的排放总量，等于该区域环境允许负荷量和环境自净容量。在实施总量控制时，污染物的排放量应小于或等于允许排放总量。污染物总量控制管理与区域性的环境质量目标相联系，有利于通过环境管理实现海洋的水质目标。

《中华人民共和国海洋环境保护法》第 3 条明确规定："国家建立并实施重点海域排污总量控制制度，确定主要污染物排海总量控制指标，并对主要污染源分配排放控制数量"。因此，总量控制和分配是环境保护的关键。建立并实施重点海域排污总量控制制度，建立以浓度控制与总量控制相结合的管理体系，才能体现出海洋环境管理的科学性和实用性，更好地起到保护海洋环境和海洋资源的作用。海域污染物总量控制有

4 种类型：区域环境质量目标控制、海域允许纳污总量控制、陆源排污入海容量总量控制、海洋产业排污总量控制。

该法律条文的原则是正确的，但是，如何确定排污总量和这个总量如何控制并没有可靠的方法，在实施过程中有很大的困难。存在的问题主要有：

如何准确给定排污总量呢？海洋中污染物受海洋动力过程的控制，造成污染物的输运与积聚，不同季节污染物质的输运特性和积聚状态很不相同，有明显的季节变化，确定排污总量本身就很困难。另外，是以所有区域都能达到水质标准来确定排污总量，还是以单个区域的水质来确定排污总量呢？当然，我们可以先估计给出排污总量，或者给一个比较小的量，就可以比较保险地保护海洋环境。例如，从秦皇岛到天津一线的海岸排污在特定的季节都能被输送到天津外海积聚，排污总量实际上是沿线各区域最大允许排放的排污量，按照这个排污总量，就可以保持天津外海的清洁。真要确定相关区域的排污总量，不仅是一种管理问题，更是一个科学问题。即使我们能够科学地制定排污总量，如何分配排污总量也没有非常恰当的方法。因此，对于陆地环境进行管理，总量控制是行之有效的管理方式；而对于海洋而言，确定排污总量本身还是尚未科学地解决的问题。

此外，正如本书第 1 章的论述，即使我们能够管得住能有效监测的企业的排污，但管不住那些我们不了解的排污行为。由于我们不知道每个区域实际上到底排放了多少污染物，我们对环境的管理效果就难以奏效。

通量监测大大增加了总量控制的可操作性。

首先，通量监测可以准确确定各个区域的排污量。这个量是从对海洋的直接监测得到的，体现了该区域实际排放的污染物，包括我们严格管控的排污行为，也包括偷排污染物的行为。监测结果使总量控制和分配的排污量成为可以监测的量，对于各地区是否超配额排污提供科学的、有法律效力的证据，使环境管理部门不但有章可循，而且有据可查。

其次，通量监测直接测定了各个区域的排污量和区域间的污染物通量，也就直接确定了每个区域排污量对自己区域的影响和对其他区域的影响。根据对这些数据的研究，可以了解我国各个沿海区域之间的相互影响和季节性变化，为科学制定排污总量和排污配额分配提供了依据。

因此，通量监测不仅与总量控制毫无矛盾，而且是确保总量控制和排污配额分配的重要手段。从目前可以想得到的监测手段来看，针对海洋的运动特性，没有什么监测手段能比通量监测更加适应总量控制的需要。

7.3　通量监测与海洋自净能力

海洋自净能力（marine self-purification capacity）是指海洋环境通过自身的物理过程、化学过程和生物过程而使污染物质的浓度降低的能力。海洋的自净能力是大自然靠自身的运动和变化使海洋得到净化的功能，也是人类几千年来向海洋排放污染物质，而海洋依然保持清洁的原因。海洋自净能力主要包含以下3个方面：

物理净化，是指海水运动导致的污染物浓度的下降。物理净化包含以下方面。稀释：污染物进入海洋中，靠海洋湍流的作用使污染物得到稀释，使海水达到水质标准。扩散或分散：由于海流的影响，一部分污染物被输送到外海，导致污染物浓度下降。沉积：有些污染物颗粒大，可以在流速较低的条件下沉积到海底，降低了悬浮在海水中的污染物浓度。吸附：有些溶解于水的污染物质吸附在悬浮颗粒上，沉积到海底。气化：有些具有挥发性的污染物会在海洋中气化，使水体得到净化。物理净化取决于海水运动的强度，较强的流动或较强的湍流运动都会加大物理净化的速度。物理净化不能改变污染物的形态，但可以改变其分布与存在方式。

化学净化，是指污染物在水中发生的氧化还原、化合和分解、吸附凝聚、离子交换和络合等化学过程中生成无害物质。排放到海水中的各种溶解性和悬浮性污染物质会发生化学反应，导致海水中物质的形态发生改变，导致原有的物质不再存在，使海洋得到净化。海洋的化学净化能力与污染物质的种类有关，需要深入研究。

生物净化，是指水体中的微生物和藻类等在代谢过程中，把污染物降解或转化成低毒或无毒的物质。

海洋水体庞大，有相当的自净能力，保证了海洋有承受一定量污染物质的能力。海洋的自净能力也就是海洋能容纳消化污水或污染物的能力，在不同程度上稀释、消散污水和污染物可能造成的种种危害。海洋自净能力是人类的一项宝贵资源。但是，如果排污量超过其自净能力，海洋环境就会恶化，海洋生态系统会受到破坏，给人类生活和生产带来损害。

通量监测主要是监测不能被海洋自净能力消化的那部分污染物。海洋的自净能力不影响通量监测的结果。但是，通量监测的目的是准确估计污染物排放量，按照式（5.28）

$$\int_0^T Q_n(t)\,\mathrm{d}t = M_{n2} - M_{n1} + M_{n3} + \int_0^T \frac{\partial P_n(t)}{\partial t}\mathrm{d}t - \int_0^T D_n(t)\,\mathrm{d}t$$

$$(5.28)$$

通量监测主要获得 M_{n1} 和 M_{n2}，而海洋的自净能力体现为式（5.28）右端第 4 项，即污染物浓度的平均变化率。海洋自净能力可以降低污染物浓度的平均变化率。同时考虑污染物通量和海洋自净能力，才能对排污量给出准确的估计。

但是，海洋的自净能力研究还有相当大的不足，还没有可靠的方法准确估计海洋的自净能力。本书中给出的一些分析有助于解决海洋污染物质的物理净化，即靠海洋动力过程和湍流运动导致的物理净化。但是，由于很多参数难以准确获取，对海洋物理自净能力的估算仍然带有很多不确定性。化学自净和生物自净的研究更是非常初步，还没有准确确定海洋自净能力的方法。

我们提出的方案是，伴随着通量监测的实施，需要对海洋的各种自净能力进行为期一年的观测，以了解海洋自净过程对通量监测的影响。

7.4　通量监测与环境容量

海洋环境容量（marine environmental capacity）是指一个海区能容纳污染物质的最大能力。它是根据海区的自然地理、地质过程、水文气象、水生生物以及海水本身的理化等条件，进行科学分析计算后得出的，环境容量是我们充分利用海洋自净能力的一个综合指标，是在充分利用海洋的自净能力和不造成污染损害的前提下，某一特定海域所能容纳的污染物质的最大负荷量。容量的大小即为特定海域自净能力强弱的指标。

环境容量的概念主要应用于海洋环境质量管理，它是在海洋环境管理中从实行对个别污染物排放浓度的控制，过渡为污染物总量控制时，由日本环境厅于 1968 年首先提出的。环境容量愈大，可接纳的污染物就愈多；愈小则愈少。只有采取总量控制的办法，才能有效地消除或减少污染的危害。例如：排入某一海域的污染物如果只规定各个污染源容许排放污染物的浓度，而不考虑环境的最大负荷量，则有可能各个排放点污染物的排放量虽然符合标准，但特定海域的污染物总量却可能超过标准，造成污染损害。倘若将流入某一海域的污染物总量限制在允许容纳量之内，并在此总量下限制来自各种排放源的污染物负荷量，就可以使海域环境质量维持良好状态。

在某一特定海域内，根据污染物的地球化学行为计算环境容量的方法，因污染物不同而异。一般有以下几种：

（1）可溶性污染物以化学需氧量（COD）或生化需氧量（BOD）为指标计算其污染负荷量。通常采用数值模式模拟潮流和 COD 浓度场。

（2）以重金属的污染负荷量以其在底质中的允许累积量 M 表示。即

$$M = (S_{e'} - S)E_A E_B E_W \tag{7.1}$$

式中，S_e' 为底质中重金属的标准值；S 为底质中重金属的本底值；E_A 为重金属在底质中扩散面积；E_B 为底质的沉积速率；E_W 为底质的干容量。

（3）轻质污染物（如原油）的环境容量 M 则通过换算水的交换周期求得。即

$$M_2 = \frac{1}{T}q \cdot S'_1 + C \tag{7.2}$$

式中，T 为海水交换周期；q 为某海域水深 $1 \sim 2$ 米的总水量（油一般漂浮于 $1 \sim 2$ 米水深）；S'_1 为海水中油浓度的标准值；C 为同化能力（指化学分解和微生物降解能力）。

对于那些有动力学辐聚作用的区域，容易造成污染物的浓

聚，形成重度污染海域。这种情况下制定的环境容量应该不仅考虑监测海域，还要从海洋整体的环境质量来考虑。这样制定的环境容量和由此规定的控制总量才有意义。通量监测可以直接给出排污量，体现了总量控制的效果，是对总量控制的有效支持，也为环境容量提供有效的数据支持。

7.5 通量监测与陆海相互作用

陆海相互作用是表达大陆物质对海洋影响的输运过程。海岸带附近的陆源物质随时与海洋接触，长期受到海洋的侵蚀和风雨的冲刷，尤其是河流沉积物营造的陆地更是频繁受到冲蚀，是海洋物质的重要来源。

陆海相互作用更多地是表达远离海岸带的陆源物质对海洋的影响，这些陆源物质大都通过河流进入海洋。每条河流都有各自的流域和集雨面积。几乎所有的陆地，包括山峰都隶属于不同河流的流域，因此陆地上的物质也都有机会进入海洋。进入海洋的物质主要是岩屑类的物质，包括土壤、砾石等。此外，陆地上的其他物质也会在雨水的冲刷下进入河流，流向海洋。

来自陆地的污染物质首先污染河流，因为河流的水体体积小，环境容量小。河流与沿河生活的人群有密切关系，河流污染首先污染了沿河流域居民的水源地，河流发生的污染会引起两岸居民的密切关注。在注意环境保护的国度里，河流的污染会优先得到治理，使河流的污染水平保持在可接受的程度。支流的污染会在干流中得到稀释。

江河径流入海水体的密度低，大部分水体漂浮于海洋上层，影响相当大的海域，还会与海水混合，形成大范围的冲淡水。例如：夏季丰水期长江冲淡水会影响东海 50% 以上的海域。漂浮或悬浮的污染物质随河流入海后，会在海洋上层继续存在，影响上层海洋的环境。因为海洋体积浩瀚，河流入海的污染物在海洋中会得到进一步稀释，体现了对污染物较强的承受能力。但是，由于海洋的动力作用，河流入海水体主要积聚在近海，向远海输送的物质量所占比例很低。因此，河流也是近岸海域污染物质的主要来源。

在本书的第 1 章已经介绍了，通量监测主要是针对沿岸输运型海域的监测手段，应该在无大型陆地径流的海域进行，对于河口海域是不适用的。河流及河流三角洲外海的通量监测有一些难以解决的困难，见本书第 2.6 节的介绍。

然而，有些海域虽然没有陆地径流，但进入海洋中的陆地物质也会沿岸输送，并进入通量监测区。这种情况下，通量监测仍然适用，并记录下陆源物质的沿岸输送通量，以及在监测区域的沉积量，全面了解陆源物质的沿岸扩展范围。在这种陆源物质沿岸输送的情况下，不会影响通量监测的结果和精度，可以放心使用通量监测系统。

在监测区域内，有一部分沿岸输送的陆源物质会在垂直于海岸的方向上向远海输送，在通量监测系统中由式（5.11）计算。在夏季黄、东海近岸海域，垂直于海岸的输送主要是导致区域内污染物质的减少，会导致低估当地污染物排放量，不会高估当地污染物的排放，对于污染治理不会产生消极作用。在冬季风的作用下，外海的清洁水体会进入监测海域，冲淡海水污染物质的浓度。

陆源物质的污染对海洋环境的影响是非常重要的，通量监测可以提供河流陆源物质对近岸海域的影响程度，为河流污染治理提供重要依据。对于突发性的河流污染事件，通量监测系统可以提供这些事件对海洋影响的重要信息，协助了解河流污染对海洋的损害。

陆海相互作用在通量监测系统中处于次要地位，主要由对离岸输送的监测能力来体现，获得的离岸输运通量在一定程度上体现了陆地对海洋的影响。第6.1节给出了离岸输运的监测和计算方法，评估了离岸输运的估计误差。

然而，通量监测结果对于陆海相互作用研究有重要作用。通量监测提供了比较精确的离岸输运，其动态变化的数据可以用来研究不同海域不同季节离岸物质输运量的变化，从而更加全面地认识陆源的污染物质对我国陆架海及远海的影响。通量监测的离岸通量数据将成为重要的数据源，推动我国的陆海相互作用研究。

7.6　通量监测的局限性

虽然通量监测有很多优势，但也有一定的局限性，掌握这些局限性，有利于我们更好地开展通量监测，发挥通量监测的作用。

（1）从海洋环境管理的角度看，监测断面最好设置在行政辖区的划界线附近。然而，监测通量的断面通常要与海域的地理特性相联系，要求海底相对平展，沿岸变化不大；垂直海岸的方向上没有复杂的起伏等等。这些要求通常与行政界线不一定一致，在实际操作时要兼顾这两个因素，避免因断面确定得不科学而影响通量监测的效果。

（2）通量监测只强调了溶解于或悬浮于水中的物质的水平输送，主要用来体现一个区域对相邻区域的影响。然而，海洋中还存在其他的通量，如海底的沉积通量、上表面的通量等。如果这些通量导致污染物质在监测区域内部留存，则在通量监测中不能很好地反映。由于存在海底污染物沉积和再悬浮现象，在特定条件下，污染物质的浓度不完全是当时排放的结果，可能是再悬浮的结果。在这种情况下要估计再悬浮的因素所占的比例，避免对总量的估计造成较大的误差。

（3）有些污染物质在排放之后会发生化学反应而转化为其他物质，使得观测到的污染物质类别与实际排放类别对应不起来。有些污染物质会由于吸附在一些大分子上而下沉，水平通量不包括这些物质的通量。使得日常观测结果与实际排放结果要小。这时的通量监测结果并不对应于实际的污染排放量。

（4）大型江河入口都是污染物质的主要来源海域，无法采用通量监测，将导致很大范围的海域不能得到有效的排污总量监测，会造成环境保护的盲区。未来需要进一步完善通量监测方法，形成覆盖全部岸线的通量监测系统。

（5）通量监测不能完全取代常规监测。虽然通量监测的装置可以替代部分在其位置附近的监测，但在有些没有断面的海域，还是要进行常规监测，以了解其环境状况。有些海域有特殊的经济活动，有些海域动力学上比较特殊，都会引起对污染监测的特殊需求，仍需要继续进行海水水质监测。

（6）现有的海洋环境监测仪器大都用于实验室，能在海上现场在线使用的监测手段匮乏。需要重点支持开发现场在线使用的仪器和传感器，使越来越多的污染参数得到有效监测。但是，不论自动监测技术如何发展，仍旧会有些物质不能实现自动监测，还需要人工采样后回到实验室进行分析。这样，就导致这些类别的污染物质无法进行通量监测，也就无法评估其区域排污量，成为通量监测的死角。

（7）虽然通量监测可以给出总量控制下限量排放的定量

评估结果，但由于海上污染物通量监测的结果给出的是区域内污染物质的总通量，对于多产污主体的情形，特别是在陆源排污和海上排污共存的情形，无法确定各个排污主体限量分配的效果。

（8）通量监测只能给出区域内的污染物排放增量，但无法直接判断这个增量是否在海洋环境可承受范围内。还要结合环境质量控制的要求提出明确的区域性环境管理指标，利用通量监测结果判断海域是否达到环境管理指标，才能使通量监测与环境质量评价联系起来。

第**8**章
海洋污染的区域治理

通量监测是手段，区域治理是目的。前面提到，区域治理不同于现有的污染治理方式。本章将集中讨论区域治理所面对的问题。

8.1 区域治理的前提条件

通常环境监测中海水中污染物的监测可以称为"水质监测"，而"通量监测"实际上是"水质监测 + 污染物流量监测"，后者在环境信息方面有本质上的进步。

水质监测只能给出污染物的分布图，使环境管理部门了解不同海域海洋环境的污染状况。污染物的分布图也可以是动态的，即用接续的分布图，但这种卡通式的"动态"并不是真正意义下的动态。首先，现有的监测是海上巡航取样回到实验室分析，整个周期要一星期左右，有些要素的时间要更长一些。水质监测得到的环境质量分布图实际上是过去的状况，与现状有一定的、或相当大的差别。代表过去的水质分布图只能用来进行环境评估，而无法作为治理的依据。如果能够监测现状，则可以根据实际发生的环境状况有针对性地采取对策。

为什么通量监测可以促成对海洋环境污染的有效治理呢？主要有三方面的原因。

第一，由于海洋污染具有"污染区未必排污、排污区未必污染"的特点，仅靠水质监测不能给出排污的明确证据。在水质监测的情况下，为了保证水质，需要采用总量控制，增加水处理设施，尽可能严格地控制污染物的排放，以求保证海洋水质。一旦水质恶化，就需要有针对性地采取措施进行治理，消除导致污染的因素。治理的前提是要有确凿的证据，水质监测不能给出排污量的定量证据，故而在海洋污染的情况下难以采取治理性措施。

通量监测可以给出该区域污染物排放的总量，这个总量具有明确的、量化的、科学的排污数据，不存在模棱两可的不确定性。排污的数据不是笼统的水质数据，而是具体的污染物参数，可以证明污染是什么物质导致的，可以有效支撑管理部门有针对性地在众多的企业中进行排查，追溯污染物的来源。通量监测提供了排污量的信息，具有法律效力，可以成为惩治排污的法律依据之一。利用这些信息，就可以采取各种治理性措施，减轻甚至根除海洋污染。

第二，区域治理的主要责任方是地方政府。有人可能会疑惑，地方政府怎么会成为环保的责任方呢。首先，虽然通量监测提供了排污量的证据，但这些证据不是具体哪个工厂的排污量，而是一个区域范围内的排污量。谁能代表这个区域并为这个区域负责呢？只能是当地政府。另外，保护环境，为百姓提供良好的生产和生活条件，是政府的重要职能和不可推卸的责任。一旦发生了污染，也只有当地政府才能约束排污单位的行为，实现治理污染的目标。如果治理污染的工作开展不利，也只能追究政府的责任。以往惩罚的是排污企业，政府可以作壁上观，似乎与己无关。以环保部门的力量，管理大批企业的排污，如果得不到政府的有力支持，对污染的治理是难以有成效的。有时，政府为了维持经济的发展，不惜牺牲环境，甚至成为排污企业的保护伞，环保部门的努力难以奏效。而区域治理"惩罚"的是地方政府。以往也知道给地方政府下达环保指标是有效的手段，但由于没有定量的排污证据，事实上让政府难有作为。而通量监测提供了区域排污总量，就可以为地方政府落实环保指标提供重要的支持。地方政府有了积极性，管理就容易到位，地方环境管理部门就可以彻查每一寸海滨，彻底消除污染源。

第三，通量监测是近实时的动态监测。在海洋环境健康的条件下，监测区内一旦出现新的污染源，只要污染物进入监测断面，就会立即被发现，海洋和环保部门就会在很短的时间内了解排放的物质种类，可以尽快前往现场执法，将污染源消灭在萌芽状态。一旦发生非陆地排污，也会被通量监测浮标所捕捉，便于找到排污方。这一切都是通量监测实时性的价值。通量监测的实时性体现在：数据是实时的，监测是同步的，整个监测区域的环境状况尽在动态掌控之下。监测部门可以动态显示污染物的输送过程及影响范围，实现对污染的追踪。可以及时捕捉突发事件并得到定量监测，并通过监测污染物的运移状况推测其运动和变化趋势，有利于政府有关部门及时采取对策。

因此，有数据做凭据、有监测来监督、有政府做责任人，区域治理就可以实施。

8.2　区域治理的内涵

区域治理的内涵很简单。由国家海洋监测主管部门直接管理通量监测系统，提供排污量依据。国家环境保护部门根据排污数据落实陆源入海污染治理的目标，通过省市政府，直接向沿海地方政府下达减排指标，限期整改到位。地方政府将减少排污列入政府的工作计划，由政府相关部门认真落实。通量监测将检验减排结果，并检验环境改善的过程。通量监测的动态数据还将不断监测环境参数的变化，监督可能发生的偷排、污染治理的死灰复燃以及新发生的污染排放。

（1）提供排污量依据，实现"以海定陆"

制定环保指标，也就是对排放总量进行分配，是预防性的环境管理措施。在没有通量监测的条件下，排放总量的分配带有盲目性、试探性和随意性。通量监测可以监测排放总量分配的效果，使环保部门在已有分配的条件下不断进行微调，使总量控制效果更趋合理。通量监测本身将提供海水中污染物的跨区输送，为海域的环境容量和海水的自净能力提供了宝贵的数据源。通过对这些数据的分析和研究，可以更加准确地确定海洋可以容忍的排污总量。由于污染物质会长距离输送，并会在特定的区域积聚，实现总量控制最为重要的并不是大范围岸线的排污总量，而是需要给出沿途局部小区域的排污总量，这样才能保证大范围海洋不被污染，也才便于排污总量的分配。这样，就可以真正科学地实现了"以海定陆"。

从以往的研究来看，为了保证大范围海水水质达标，确定各个小区域排污总量的方案并不是唯一的；只要各个区域排污总量的累积效果满足环境质量要求，排污总量分配的方案就是科学的和可用的。但是，对各个小区域排污量的分配会涉及各地的产业结构和经济利益，不同的方案之间还是会有优劣之分。在一些区域内，由于有些企业已经存在，在制定排污总量方案时需要兼顾地方现有的排污企业的布局，使海洋污染的治理能兼顾社会经济的发展。

第2.6节提到的通量监测数值仿真系统为我们提供了新的

手段。可以预先提出各种可能的排污总量分配预案,并充分考虑现有的企业布局,进行数值仿真,并对各种预案进行筛选,最后获得最为合理的分配方式。环保指标的优选方案确定后,可以逐步落实,并通过通量监测系统不断检验,使环境管理科学化。

每个区域的排污总量是一系列指标,涉及多种参数,每种参数都要有相应的控制总量。随着通量监测的实施和分析方法的进步,可以指定随季节变化的排污总量,以便适应不同季风条件下的海水自净能力。

完成各个小区域排污总量的制定是一件大事。由于这样制定的排污总量是以监测为基础的,因此更加可靠。随着通量监测的发展,排污总量的分配还需要微调,最终形成理想的总量分配方案。

(2)分配与下达环保指标,实施总量控制

各个区域的排污总量指标确定下来之后,就要落实排放指标,落实到每个行政辖区,然后落实到企业。确定指标后要有相应的监管手段,保证企业能够按章排放。对于超标排放的企业要做到有监督、有惩治、有清理。

排放指标的落实是政策性很强的工作,涉及到众多企业的切身利益,也涉及地方政府的财政来源。因此,要做到整体规划,科学部署,长线落实,具体监管。

(3)依据通量监测结果,确定违规排放物质种类和数量

在落实排放指标的基础上,通量监测将给出排放的物质种类和数量,核实排放指标的落实情况。如果通量监测的结果表明各种污染物质的排放量都没有超标,则表明总量控制取得良好效果。

如果通量监测结果表明排放的某种物质超出排放指标，表明一定存在违规排放，或者存在未能监测到的污染源，通量监测将给出违规排放的物质和种类，为地方的污染治理提供依据、信息和线索。环境管理部门将据此对地方政府下达减排物质种类和减排指标，交由地方政府解决。

（4）地方政府主导，限期整改到位

地方政府根据环境管理部门下达的减排物质种类和数量，责成有关部门排查有关企业，确定污染物的源头。根据国家环境保护法，对排污企业进行处理，强制企业进行整改，停止排污行为，或者建设污染物处理设施，实现达标排放。

各地不会突然涌现大批排污企业，排污企业的增减是很缓慢的变化。但是，新的企业会逐步增加，原有企业的产量也会发生变化，排污行为仍然是动态的。因此，下达整改指标也会是动态变化的行为，需要地方政府安排专门的部门监督管理企业的排污行为。

（5）依据通量监测结果，评估减排效果

在整改之后，还是要通过通量监测，评估减排效果。因此，区域治理是一个循环过程：监测—下达减排指标—治理—监测。

综上所述，从管理的角度看，区域治理的内容简单具体，就是有的放矢的环境管理。但是，实现区域治理的保障性工作很多，有些还有很大的难度，需要制定技术规程，实现通量监测，落实环保指标，实现区域治理。由于通量监测、区域治理是新的环保监测与治理相结合的综合方法，会有许多意想不到的问题，我们的使命是不断发现和解决这些问题，使区域治理的目标全面实现。

8.3　区域治理的外延

在区域治理的框架下，通量监测还可以在以下各个方面推动国家海洋环境保护的工作。

（1）突发污染事件与排污量分析

突发性的环境污染事件可以是人为的大型污染排放事件，可以是灾害导致的污染事件，还可以是自然形成的环境事件。人为的污染物排放事件是人类故意或失误所致，如：工厂大规模污染物集中排放、码头装卸导致的大规模排污等。灾害导致的污染事件有：轮船倾覆导致的大型污染事件、海上油田大规模溢油导致的污染等。自然形成的环境事件包括：陆地降雨引起大量污染物被冲洗到海里、海洋中的赤潮、浒苔等物质的快速繁殖导致的环境事件等。这些环境事件统称为突发性事件。

突发性事件的主要参数是发生的时间、地点、污染物质总量、扩散或影响的范围、漂移扩展方向等。有了这些参数，有关部门才有可能采取有效措施进行防范和治理。通量监测是常态化的断面动态监测，虽然未必能确切知道污染物排放的直接信息，但是当污染物流经一个断面时却可以知道流过污染物的各种信息。通量监测的每个断面相当于一条监测线，可以在其空间分辨率的条件下了解突发性污染事件的发展态势，为实施更加具体的追踪监测提供必要的信息。

通量监测可以反演出突发性事件的各种信息，包括：根据断面监测到的污染物到达时间和海流状况，推算出污染物的发生时间。根据断面监测到的污染物在断面中的位置和海流状况，推算出污染物的发生地点。根据断面监测发现的污染物种类和浓度，估算污染物的排放量。这些信息将准实时地通报政府环保部门，成为采取防治措施的依据。

（2）灾害性污染物扩散的追踪与预测

通量监测的一个重要作用是可以察觉穿越断面的重污染水团，为灾害性污染物扩散的追踪和预测创造条件。重污染水体穿越某个断面，可以知道污染物进入哪个水域，并可根据该海域的海流状况预测污染物的输运速度，估算污染物即将到达的水域和大体到达时间。重污染水体连续穿越几条断面，就形成对污染物体的追踪能力，可以追踪污染物的运移。通过了解污染物浓度的降低过程，计算污染物的分散速率。如果重污染物质进入某个区域，但并没有离开该区域，表明污染物在该区域积累下来，形成对该区域的污染。这时，通量监测就提供了一个可靠的证据，表明污染对该海域的损害，成为索赔的具有法律效力的证据。

同样，通量监测可以对大型污染物质进行溯源，因为从第一个断面的警报中就可以确定污染发生的海域，可以通过对该海域的排查迅速确定排污源，提高污染治理能力和执法能力。尤其是对船只等运动的排污目标，及时发觉污染区域可以很快锁定排污目标，及时进行取证，有效维护国家的权益。

事实上，污染事件是时常发生的，而通量监测的追踪能力可以对一个个污染事件进行追踪，了解各个污染事件的影响区域和范围，确定污染物的最终归宿，为了解污染事件的后果创造可以确信的条件。

重污染事件通常都具有突发性，影响大，后果严重，追踪监测和实时治理显得特别重要。然而，常规的采样监测时效性差，难以对重污染事件进行连续监测。目前，对突发性污染事件需要启动应急机制，有效地监测重污染事件。但是，污染事件有轻有重，除了必须启动应急机制的大型污染事件之外，还有很多日常发生的污染事件，其影响和损失也许并不巨大，但也是需要重视的，常规监测对此并没有有效的手段。通量监测的实时特性对污染事件的监测特别重要，可以随时提供污染物质通过断面的信息和滞留区域的信息，有利于有关部门前往该区域进行进一步监测和治理。

（3）对海洋自净能力的分析与评估

海洋具有一定的自净能力，可以通过分解、降解、分散等过程，将污染物的浓度降低到可以容忍的水平。同样，在沿海经济发展中，海洋也必须承担一定的污染，也是对经济发展的贡献。但是，一旦污染物超过容许的范围，就将对环境形成严重的破坏，危害沿海人民的生存条件。然而，人们对海洋的自净能力了解很不够，涉及到海洋动力、化学、生物、沉积等各种过程，尤其是海洋对不同污染物质的自净能力很不相同。污染物的种类越来越多，而认识海洋的自净能力显然是需要长期努力的目标。在不了解海洋自净能力的条件下，能够通过通量监测，了解污染物质的消散过程，归纳出不同海域对不同污染物质的自净能力。因此，通量监测也是认识海洋的手段。

（4）环保设施建设治理效果评估

为了治理海洋污染，需要不断建设新的环保设施，包括工业污水处理设施，城市生活污水处理厂等。由于这些设施针对特定的污染物，可以通过通量观测比较设施应用前后的污染物通量状况来检验环保设施的效果。

（5）农用化肥农药使用量评估

此外，通量监测也可以通过不同年份之间监测数据的比较，估算排放到海洋中农药、化肥等农用物资的年际差异，宏观了解农业生产的有关变化，了解农业对近海海洋环境的影响。通过全国的通量监测系统，可以对沿海和沿河流域内农业对海洋的影响给出定量的评估。

（6）海洋工程对环境影响的后评估

海洋工程在建设之前都要进行环境评估，尤其是对于对环境有潜在危害的工程在环境评价方面更加严格。工程完工之后，往往没有力量对工程的环境效应进行评估。通量监测提供了一个手段，就是用于工程项目完工后对环境影响的评估。通过比较工程建设之后的变化，了解海洋工程项目导致的海洋环境改变。当然，这种环境评估只能评估其对整个监测区域的影响及其跨区域的影响，无法了解其在监测区域内小范围的影响。

（7）高密度的环境质量报告

按一定的标准和方法对某区域范围内的环境质量进行说明、评定和预测的报告成为环境质量报告。前面提到，通量监测实际上是"水质监测＋污染物流量监测"。通量监测首先要做到的是对水质的监测；如果不能有效地监测水质，则不能有效地监测污染物流量。水质监测的数据可以和常规水质监测数据一样，用于对海洋环境质量进行评估。一个区域两端的监测断面可以给出该区域海洋环境质量的平均状况，因为随着海水的运动，海洋的水质状况趋于均匀。

现在对海洋环境质量的监测结果主要用海洋环境质量公报的方式对社会发布。每年由国家海洋局发布年度《中国海洋环境质量公报》，由各地方海洋局发布地方《海洋环境质量公报》。从 2011 年起，国家海洋局将沿用 10 年的《中国海洋环境质量公报》修改为《中国海洋环境状况公报》，用以涵盖除了水质以外更多的环境要素。公报都是年报，大约到次年年中

198

才发布。公报的作用主要是对海洋环境质量进行后评估，而无法体现环境的动态变化，无法与污染过程相联系。

由于海洋是运动的，海洋环境也是动态变化的，为了适应环境保护的需要，对海洋环境进行动态监测是或迟或早要开展的工作，社会发展需要提供动态的海洋环境质量的报告。通量监测是长期连续的监测，其监测结果不仅可以保证发布月报，甚至可以发布周报或日报，使环境监测的能力大幅度提高。

对于大型污染事件，通量监测可以给出追踪报告，形成对大型污染事件的追踪报告能力。由于通量监测可以给出污染物流经的海域和归宿，可以给出重点污染海区的报告。

（8）动态排污管理

由于受风的影响，海洋环境的自净能力也处于动态变化之中。有了动态监测结果，今后的污染物排放可以实现动态管理，即在自净能力强的条件下可以多排放一些，而在另外一些情况下不可排放，可以要求排污单位在一段时间内关闭排污口，确保环境质量。排污的动态控制还只是构想，通量监测有望使这种构想成为现实。为了达到这一目标，需要开展更加广泛的科学研究。

8.4　采用通量监测、区域治理的必要性

有人会问，发达国家是如何解决海洋污染问题的？它们不采用通量监测为什么海洋就不污染呢？

我们提到，通量监测主要解决故意排污的发现与治理问题。如果各个企业都能够按照国家的法规排污，则不存在海洋污染，至少不存在频繁发生的海洋污染。在发达国家，法制意识强是企业的基本素质，只要法律规定了，就自觉执行，因

此，海洋污染情况不是很严重。像地中海等环境脆弱的海域很容易发生海洋污染，而政府的作用是制定排污有关的法规，只要法规制定出来，相关企业就坚决执行，保证了海洋环境的清洁。另一方面，对造成海洋污染的企业惩罚力度很大，企业违法成本很高，致使很多企业不敢冒险违法。因此，发达国家污染问题是靠立法的科学性、守法的自觉性和执法的严格性来解决的。其中，守法的自觉性是最为核心的。守法是企业诚信的重要组成部分，违法不仅导致经济上的重大损失，而且导致企业诚信度的损失，直接影响企业的信誉和效益。

反观我国的情况，并不缺少关于环境的立法。即使这些立法不如国外的充分，但经过努力也是可以达到国外同等水平。如果我国的企业能够像国外企业一样守法，这些法律足以保障我国海洋环境的质量。然而，有很多企业明知排污违法，但却故意排污。企业违法排污的原因是降低污染物处理的成本，提高企业的经济效益，即牺牲环境发展经济。在环保部门严格的监管下，企业排污得到有效的监督，对于那些重度排污企业都同步建设了污水污物处理设施，本来可以在经济发展的同时保护海洋环境，可是，污染物处理的成本很高，很多企业出于经济效益的考虑而偷偷排污。很多小企业没有能力建设环保设施，而是将污染物质直接排海，也是造成海洋污染的原因。还有些企业本来有很多污染物质排放，但在申报建设项目时出现瞒报现象，而环保部门并不了解企业可能排放的污染物，也造成这些企业在缺乏必要监督情况下投产，成为新的污染源。沿着海滨走，就可以发现，海滨排污的沟渠比比皆是。企业并不见得有排污的故意，但如果企业排污不受惩罚，而守法却要付出很高的代价，客观上就起到了鼓励排污的作用。在有些地方，地方政府为了保证财政收入，对于企业的排污行为视而不见，客观上怂恿了企业的违法行为。一旦排污成为社会现象，成为企业的自觉行为，海洋污染也就成了必然。

企业守法的自觉性低，是因为排污企业的效益与其环境保护方面的信誉几乎没有联系。中国环境违法行为似乎并不影响企业的信誉，也不影响企业的效益，排污问题被曝光似乎没有什么见不得人的，因为很多企业都在这样做。即使因为排污被抓住了，罚款的数额也很低，甚至低于其使用环保设备的代价，这就是守法成本高、违法成本低的问题。

还有，排污的取证很困难，即使亲眼目睹污染物正在流入海中，想确定排污量还是很难的，企业的狡辩和取证的艰难导致惩罚迟迟不能到来，直接致使企业并不惧怕惩罚。

因此，我国的海洋污染问题既有管理的不到位问题，也有故意违法问题。解决管理不到位问题可以通过政府有关部门的持续努力而逐步完善，解决故意违法问题的关键是找到证据。通量监测最本质的作用是获取排污量的数据，这个数据就是排污的证据。虽然这些证据并不会给出具体的排污单位，但由于这些数据给出了具体的排放物质，而且指出了发生的区域范围，就很容易查找出来。通量监测、区域治理的使命是通过监测获取排污的证据，根据监测结果进行环境管理，从根本上解决环境污染问题。

8.5　促进海洋环境管理部门之间的合作

海洋环境污染涉及到海洋和陆地两方面的因素，排污的单位大都在陆地上，而排放的污染物污染海洋，导致海洋环境管理的困难。在我国，海洋监测归国家海洋局管，陆地环保部门没有管理海洋的能力和条件；而陆源入海污染物排放归环境保护部管，海洋局无力将管理拓展到陆地。海洋局可以发现海洋污染，却没有治理陆地上污染物排放的职能。环保部可以对企业排污进行执法，但并不知道执法对海洋环境质量的效果。

由于海洋和陆地环保部门都关注海洋污染问题，而两个部门之间都关注海洋环保，需要明确双方的责任。1996 年，国务院通过决议，对国家环保局和国家海洋局的职责进行了分工，简言之就是"环保局不下海，海洋局不登陆"。从而开始了迄今为止的海洋环保时代。

在这个职责框架下，环保部和海洋局都开展了有效的工作。环保部注重对陆地企业排污的管理，对排海污染物进行总量控制。而海洋局主要进行海洋水质监测，向社会发布环境质量公报。

然而，这种分工的问题也逐渐暴露出来。海洋局只有监测权，而没有治理权，发现了海洋污染也无力治理，因为并不掌握陆地排污企业的情况。于是，海洋局在 2001 年启动了污染源监测的计划，即从海上派船派人到陆地企业的排污口采集水样进行分析，以确定污染源。这项监测有时非常困难，因为排污口所在海域有时条件复杂，难以接近；监测排污口还要受海况的影响。最主要的问题是，有些企业并不是均衡排污，从排污口获取的样品只能定性给出排污的种类，不能给出排污量。即使海洋局对排污情况了如指掌，也不能进行治理，因为陆地企业排污管理权在环保部。

而环保部门的工作也并不轻松。排污企业与环保部门玩猫捉老鼠的游戏时有发生，企业的生产过程的变化导致污染物排放的量也是时常变化的，环保部门实际上也难以掌握排污量的情况。有些企业偷排污染物，监管缺失也是时常发生的。环保部门除了能做总量控制之外，对污染的后果知之甚少。海洋的运动会将污染物输送到远方海区，导致排污区与污染区并不一致。环保部门没有海洋监测能力，不了解污染物在海洋中的输运、降解、絮凝、沉降、再悬浮等过程，难以了解排污对海洋的影响，更无从知道在总量控制的前提下如何排污是科学的。

海洋局可能说得清楚排污现状究竟对海洋有何种影响，但是说不清楚如何改变排污现状以减小或消除排污对海洋的影响。环保部门也许说得清楚排污现状，但说不清楚排污对海洋的影响。更为重要的是，海洋局负责监测，但监测出来问题后不能解决；环保部门负责解决问题，但不知道问题出在哪里。

人们寄希望于海洋局与环保部密切合作，共同治理海洋污染，可是，实现这个目标还有很长的路要走。两个部委各自分工的任务还没有得到很好的解决，每个部委都有自己的使命、任务、甚至业绩，合作治理海洋污染还是愿景。

2011 年，国家海洋局局长刘赐贵提出了海洋环保的思路："以海域环境容量为基础，以改善海域环境质量、保证沿海社会经济可持续发展为目标，积极会同有关部门共同建立推进重点海域污染物控制的工作机制，特别是探索建立陆海监测信息共享机制，建设污染控制信息系统和共享平台，切实做到陆海统筹、河海联动。鼓励和支持沿海省市选择本地区重点海域开展试点，研究制定并实施海洋环境容量和总量控制相关规划、标准，严格控制陆源污染物排放。"这个思路给出海洋环保的正确途径。但是，如何做到"陆海统筹、河海联动"，还有很多的东西要讨论。是否仅靠陆海各种数据的共享就能解决所面临的海洋环境污染问题呢？其实不然。海洋局与环保部真诚地联手解决海洋污染的问题，不是仅从管理层面的努力就能够得到解决的。现有的监测理论和方法不足以解决动态变化的海洋污染问题，还要从监测理念和监测方法上取得创新性突破。本书提出的通量监测、区域治理新模式，使海洋环境质量监测从现在的水质监测过渡到排污量监测，实际上是环境监测理念上的突破，是依据我国科学工作者对海洋污染多年的研究成果、我国海洋技术人员对海洋监测新技术的开发成果而提出的，经过严密论证的污染监测模式。

通量监测、区域治理将促成国家海洋局与国家环保部的密切配合。由于通量监测已经给出区域内排污量的动态数据，给出排污量的明确数量，地方环保部门有义务消除区域内发生的污染。对于一时不能消除的污染排放，政府也将促进污染物的减排，最终实现污染物的有效治理。在这种情况下，通量监测可以验证环保部门落实减排任务的效果，评估污染治理成效。

通量监测为两部委的合作提供科学和技术的支撑。两部委可以通过对通量监测数据的分析和研究，统筹考虑各个区域的净化能力和现有排污状态，联合制定大海区的排污总量和分海域的排污总量，并根据每年的监测结果进行微调。国家海洋局负责海洋通量监测，定量给出污染排放监测结果，确定总量控制的管理效果，了解超标排放的物质种类和数量。国家环保部负责落实陆源排污总量管理与分配，针对通量监测的结果，具体解决超标排放问题。

我们相信，在两部委的通力合作下，通量监测将成为我国海洋环境监测与管理统一的手段，实现对海洋污染的有效监测和科学管理，使我国的海洋环境质量一天天好起来，保障和促进我国海洋经济的健康、稳定、高效发展。

参 考 文 献

毕春娟,陈振楼,许世远. 2002. 水动力作用对潮滩表层沉积物重金属时空分布的影响[J]. 上海环境科学, 21(6):330-333.

陈静生,周家义. 1985. 中国水环境重金属研究[M]. 北京:科学出版社.

程杭平,韩曾萃. 2002. 热污染的一、二维耦合模型及其应用[J]. 水动力学研究与进展,17(6):647-650.

戴纪翠,高晓薇,倪晋仁,等. 2010. 深圳近海海域沉积物重金属污染状况评价[J]. 热带海洋学报,29(1):85-90.

戴纪翠,高晓薇,倪晋仁,等. 2010. 深圳近海海域沉积物重金属污染状况评价[J]. 热带海洋学报,29(1):85-90.

方国洪,郑文振,陈宗镛,等. 1986. 潮汐与潮流的分析和预报[M]. 北京:海洋出版社:55-100.

冯慕华,龙江平,喻龙,等. 2003. 辽东湾东部浅水区沉积物中汞潜在生态评价[J]. 海洋科学,27(3):52-56.

甘居利,贾晓平,林钦,等. 2000. 近岸海域底质重金属生态风险评价初步研究[J]. 水产学报,24(6):533-538.

国家海洋局. 2009. 2008 年中国海洋环境质量公报[R]. 北京:国家海洋局.

国家海洋局. 2010. 2009 年中国海洋环境质量公报[R]. 北京:国家海洋局.

国家海洋局 2011. 2010 年中国海洋环境质量公报[R]. 北京:国家海洋局.

国家海洋局. 2012. 2011 年中国海洋环境状况公报[R]. 北京:国家海洋局.

国家海洋局. 2013. 2012 年中国海洋环境状况公报[R]. 北京:国家海洋局.

国家环境保护总局. 2003. 地表水和污水监测技术规范[S]. 北京:环境科

学出版社.

郝瑞霞,韩新生.2004.潮汐水域电厂温排水的水流和热传输准三维数值模拟[J].水利学报(8):1-5.

黄韦艮,丁德文.2004.赤潮灾害预报机理与技术.北京:海洋出版社.

黄向青,梁开,刘雄.2006.珠江口表层沉积物有害重金属分布及评价[J].海洋湖沼通报(3):27-36.

雷坤,杨作升,郭志刚.2001.东海陆架北部泥质区悬浮体的絮凝沉积作用[J].海洋与湖沼,32(3):288-295.

李九发,戴志军,刘启贞,等.2008.长江河口絮凝泥沙颗粒粒径与浮泥形成 现场观测[J].泥沙研究,3:26-32.

李克强,王修林,阎菊,等.2003.胶州湾石油烃污染物环境容量计算[J].海洋环境科学,22(4):13-17.

李适宇,李耀初,陈炳禄,等.1999.分区达标控制法求解海域环境容量[J].环境科学,4:96-99.

梁博,王晓燕.2005.我国水环境污染物总量控制研究的现状与展望[J].首都师范大学学报(自然科学版),26(1):93-98.

林植青,郑建禄,陈金斯,等.1985.溶解态的 Fe、Al、Mn、Si、Cu、Pb 和 Zn 在河口混合过程中的絮凝[J].海洋学报,7(2):172-180.

刘国华,傅伯杰,杨平.2001.海河水环境质量及污染物入海通量[J].环境科学,22(4):46-50.

刘启贞,李九发.2009.长江口细颗粒泥沙絮凝环境效应有机质沉积金属阳离子河口沉积动力学[D].上海:华东师范大学.

孟翊,刘苍字,程江.2003.长江口沉积物重金属元素地球化学特征及其底质环境评价[J].海洋地质与第四纪地质,3:37-43.

全国海岸带办公室《环境质量调查报告》编写组.1989.中国海岸带和海涂资源综合调查专业报告集——环境质量调查报告[M].北京:海洋出版社.

盛菊江,范德江,杨东方,等.2008.长江口及其邻近海域沉积物重金属分布特征和环境质量评价[J].环境科学,29(9):2405-2412.

孙效功,方明,黄伟.2000. 黄、东海陆架区悬浮体输运的时空变化规律 [J]. 海洋与湖沼,6:581 – 587.

万新宁,李九发,沈焕庭.2004. 长江口外海滨典型断面悬沙通量计算 [J]. 泥沙研究, 6:64 – 70.

王修林,孙培艳,高振会,等.2003. 中国有害赤潮预测方法研究现状和进 展[J]. 海洋科学进展,21(1):93 – 98.

王修林,邓宁宁,李克强,等.2004. 渤海海域夏季石油烃污染状况及其环 境容量估算[J]. 海洋环境科学, 23(4):14 – 18.

吴国琳.2004. 水污染的监测与控制[M]. 北京:科学出版社.

吴国元.1994. 长江河口南支南岸潮滩底质重金属污染与评价[J]. 海洋 环境科学(2):48 – 51.

吴凯.1997. 环渤海区域水环境问题及其防治对策[J]. 地理科学, 17 (3):231 – 236.

吴望一.1983. 流体力学(下册)[M]. 北京:北京大学出版社:350 – 352.

杨斌,陆小兰,杨桂朋,等.2010. 北黄海海水中挥发性卤代烃的分布和海 –气通量研究[J]. 海洋学报,32(1):47 – 55.

叶常明.1989. 水污染理论与控制[M]. 北京:学术书刊出版社.

张存智,韩康,张砚峰,等.1998. 大连湾污染排放总量控制研究——海湾 纳污能力计算模型[J]. 海洋环境科学,17(3):1 – 5.

赵进平.1988. 半封闭矩形海湾中潮波反射问题及摩擦的影响[J]. 海洋 学报,10 (3):259 – 269.

赵进平,侍茂崇,李诗新.1998. 低盐区及渤海低盐区的盐度特征[J]. 海 洋科学集刊,40:249 – 260.

赵进平.2005. 发展海洋监测技术的思考与实践[M]. 北京:海洋出版社.

赵一阳,郡明才.1994. 中国浅海沉积物地球化学[M]. 北京:科学出 版社.

邹景忠.2004. 海洋环境科学[M]. 济南:山东教育出版社.

Arheimer B. 2000. Watershed modeling of nonpoint nitrogen losses from arable land to the Swedish coast in 1985 and 1994[J]. Ecological Engineering, 14

(4):389 -404.

Attrill M J, Thomesm R M. 1995. Heavy metal concentrations in sediment from the Thames Estuary UK[J]. Marine PollutionBulletin,30(11):742 -744.

Balachandran K K, Lalu-Raj C M, Nair M, et al. 2005. Heavy metal accumulation in a flow restricted, tropical estuary[J]. Estuarine, Coastal and Shelf Science,65:361 -370.

Baudo R, Munawar M. 1996. 2nd international symposium on sediment quality assessment,tools,criteria and strategies in fresh, marine and brackish water [J]. J Aquatic Ecosystem Health,5(3):215.

Brunke M A, Fairall C W, Zeng X,et al. 2003. Which Bulk Aerodynamic Algorithms are Least Problematic in Computing Ocean Surface Turbulent Fluxes? [J]. Journal of Climate,16:619 -635.

Caeiro S, Costa M H, Ramos T B, et al. 2005. Assessing heavy metal contamination in Sado Estuary sediment: an index analysis approach[J]. Ecological Indicators (5):151 -169.

Chapman P M. 1995. Sediment quality assessment: status and outlook[J]. J Aquatic Ecological Health(4):183 -194.

Edson J B, et al. 1998. Direct Covariance Flux Estimates from Mo bile Plat forms at Sea[J]. Journal of Atmospheric and Oceanic Technology,Vol. 15.

Emmerson R H C, O'reilly-Wiese S B, Macleod C L, et al. 1997. A multivariate assessment of metal distribution in inter-tidal sediments of the Blackwater estuaty UK[J]. Marine Pollution Bulletin,34(11):960 -968.

Fernandes H M. 1997. Heavy metal distribution in sediments and ecological risk assessment: the role of diagenetic processes in reducing metal toxicity in bottom sediments[J]. Environment Pollution,97:317 -325.

Grimvall A. 2000. Time scales of nutrient losses from land to sea—a European perspective[J]. Ecological Engineering, 14(4):363 -371.

Hakanson L. 1980. An ecological risk index for aquatic pollution control: a sediment to logical approach[J]. Water Research, 14 (8):975 – 1001.

Hananson L. 1980. An ecological risk index for quality pollution control:a sedimentological approach[J]. Water Res (4):975 – 1001.

Hanson P J, Evans D W, Colby D R. 1993. Assessment of elemental contamination in estuarine and coastal environments based on geochemical and statical modeling of sediments[J]. Mar Environ Res (36):237 – 266.

Hong S Y, Pan H L. 1996. Nonlocal boundary layer vertical diffusion in amedium – range forecast model[J]. Mon Wea Rev,124:2322 – 2339.

Hunt C, Rust S, Sinnott L. 2008. Application of statistical modeling to optimize a coastal water quality monitoring program[J]. Environmental Monitoring and Assessment, 137(1):505 – 522.

Icaga Y. 2005. Genetic a lgorithm usage in water quality monitoring networks optimization in Gediz (Turkey) River Basin[J]. Environmental Monitoring and Assessment, 108(1):261 – 277.

Lawrence A L, Mason R P. 2001. Factors controlling the bioaccumulation of mercury and methylmercury by the estuarine amphipod Leptocheirus plumulosus[J]. Environmental Pollution, 111:217 – 231.

Neal C, House W A, Jarvie H P, et al. 1998. The significance of dissolved carbon dioxide in major lowland rivers entering the North Sea[J]. The Science of the Total Environment,210/211:187 – 203.

Neal C, House W A, Leeks G J L, et al. 1997. U K fluxes to the North Sea , Land Ocean Interaction Study (LOUIS):river basins research, the first 2 years 1993 – 1995[J]. The Science of the Total Environment,194/195:1 – 4.

Neal C, House W A, Whitton B A, et al. 1998. Conclusions to special issue: Water quality and biology of United Kingdom rivers entering the North Sea: The Land Ocean Interaction Study(LOIS) and associated work[J]. The Science of the Total Environment,210/ 211:585 – 594.

Osher L J, Leclerc L, Wiersma G B, et al. 2006. Heavy metal contamination from historic mining in upland soil and estuarine sediments of Egypt Bay,

Marine, USA[J]. Estuarine, Coastal and Shelf Science,70:169 – 179.

Ouyang Y. 2005. Evaluation of river water quality monitoring stations by principal component analysis[J]. Water Research,39:2621 – 2635

Pacanowski R C,Philander S G H. 1981. Parameterization of vertical mixing in numerical models of tropical oceans [J]. J Phys Oceanogr, 11 (11): 1443 – 1451.

Power E A, Chapman P M. 1992. Assessing sediment quality[M]// Sediment toxicity assessment. Boca Raton:Lewis Pub:1 – 18.

Rubio B, Nombelam A, Vilas F. 2000. Geochemistry of major and trace elements in sediments of the Riade Vigo (NW Spain):an assessment of metal pollution[J]. Marine Pollution Bulletin,40(11):968 – 980.

Singh A K, Benerjee D K. 1999. Grain size and geochemical partitioning of heavy metals in sediments of Damodar River—a tributary of the lower Ganga, India[J] . Environmental Geology,39(1):91 – 98.

Tian R, Chen J, Zhou J. 1991. Dual filtration effects of geochemical and biogeochemical processes in the Changjiang Eatuary[J]. China J Oceanol Limnol, 9(1):33 – 43.

Turner A. 2000. Trace Metal Contamination in Sediments from Estuaries: An empirical evaluation of the role of hydrous Iron and Manganese Oxides[J]. Estuatine, Coastal and Shelf Science,50:355 – 371.

UNEP. 1992. Marine pollution from land-based sources: facts and figures[J]. Industry and Environment, 15 (1/2):3 – 5.

Zhou J L. 1998. Fluxes of organic contaminants from the river catchment into, through and out of the Humber Estuary, U K[J]. Marine Pollution Bulletin, 37(3/7):330 – 342.

后　记

在"十五"期间，我们两位作者都是国家 863 计划海洋监测技术主题的专家组成员，一直在努力思考如何解决中国的海洋环境污染问题，共同推动海洋监测技术的发展，开发新的监测技术，建立海洋环境的监测技术体系和应用体系，推动各项先进技术的应用。"通量监测、区域治理"就是在那时萌生的一个想法，至今已有十多年。在漫长的时间里，我们一直没有推动落实这个想法，一方面是由于这是个国内外都没有过的监测模式，没有坚实的理论基础，没有合适的技术装备，没有类似的工作经验，推动起来实在是太难了。更为重要的是，那时我国能够在现场使用的生态环境监测仪器和传感器几乎为零，没有支撑通量监测模式的技术能力。

从"十五"开始，863 专家组在科技部的领导下，将发展生态环境监测技术和仪器作为海洋监测主题的三大战略目标之一而全力推动。2001—2005 年间，发展了一批海洋生态监测的技术，有一些完成了仪器或传感器的工程样机，并且集成为海洋监测船、海洋监测浮标和水下自动工作站等新型海上工作平台。这些技术经过"十一五"期间的发展和完善，多数都具有了应用价值。本书第 4 章介绍的绝大多数技术都是在"十五"期间开始发展的有可能用于浮标上的技术成果，我们手里终于有了可以在线、实时进行生态环境监测的技术手段，实施"通量监测、区域治理"的技术基础基本成熟。

有了技术手段，我们就开始雄心勃勃地准备提出这个新的监测模式。然而，当我们首先在战略层面上进行论证并开展顶层设计时，我们发现面对的几乎是一个全新的事物，像一张白纸。虽然在白纸上可以画最新最美的图画，但要真想画一幅图画，就不得不从零开始画上所有的东西。

首先面对的是通量监测的理论，通量监测看似简单，实际上有大量的理论问题。我们需要构建通量监测的理论大厦，来支持通量监测的模式。通量监测涉及到物理海洋学、海洋化学、海洋沉积动力学和海洋生物学的很多方面，我们需要把这些学科有关的研究成果拿来构建通量监测的基础理论。最终，通量监测的主要理论问题均得到解决，回望这些理论，感到其难度远远超过预想。

由于通量监测的结果将成为具有法律效力的凭据，需要做到足够精确；错误的监测结果将颠覆通量监测体系，产生严重的社会后果，我们对通量监测具体实施的方案进行了细化，而且对可能产生的误差进行了认真的分析。分析表明，通量监测涉及到众多的理化过程，很多过程的研究还很不充分，对于其可能带来的误差还无从了解。即使对于我们熟知的海流、潮汐、海浪等过程，其对通量监测的影响也难以尽知。我们在书中对各个过程可能产生的误差进行了详细的分析，但是，我们感觉到，减小通量监测的误差需要对通量监测所涉及的海洋科学理论有更深刻的理解，需要对监测海域进行全面的考察研究，才能最终给出精确的监测结果。

出于对设备集成的需要和安全考虑，要建设以大型浮标为平台的浮标实验室。我们知道，中国迄今还没有这种实验室，在现有的大型浮标的基础上改建浮标实验室，有许多技术问题需要解决。浮标实验室中需要装备各种仪器或传感器，但其技术的成熟度还参差不齐，有些仪器在陆地上四平八稳的条件下尚不能长期连续运行，上到摇晃的浮标上会达到什么效果难以预料。如果某件仪器在运行中完全失败，对相关物质的通量监测会形成打击。因此，我们不得不采取先发展、后完善的对策，给浮标实验室中各种的技术的成熟和完善留出余地，让我们有时间去解决这些发展中的问题。

　　在"通量监测、区域治理"模式中，通量监测主要是解决技术问题，上述这些技术问题都可以逐步解决。而区域治理主要是解决社会问题。在努力构建了通量监测的理论和技术体系之后，实现区域治理需要面对的各种社会问题也是必须考虑的因素。区域治理不仅涉及海洋环境保护，而且涉及到对当地地方经济发展的影响，对工业企业的排污管理的影响，对地方政府的责任与舆论压力，污染对相邻海域的损害明确后可能引发的法律问题，海洋管理相关部委之间的分工协作等因素。这些因素不是仅仅把科学问题考虑清楚就可以解决的；相反，解决了科学问题之后，这些问题才会开始浮现。我们必须在顶层设计的同时将通量监测、区域治理对社会的正反面影响都要尽可能考虑周到。本书虽然对可能遇到的社会问题进行了详细的讨论，但我们相信，还会有更多的问题未能触及。我们衷心希望在实现"通量监测、区域治理"模式的长跑中收到广大读者的意见和建议，让这种模式成为社会协调发展的重要积极因素。

　　"通量监测、区域治理"的目标宏伟，我们对其寄予的期望高、要求严，实现的难度也随之攀升。当我们理清了能够想到的全部问题并将本书送交出版社之后，心中并没有感到丝毫轻松，反之，我们感到这个新规划的污染监测模式是沉甸甸的，因为它承载着解决我国海洋环境问题太多的希望，承载着我国海洋环境监测的未来。我们衷心希望国家能将实施"通量监测、区域治理"当做重要的海洋环境战略来实施，让我国的近海成为清澈、洁净的圣地。

有一天，我国政府和人民的环保素质极大增强，将保护海洋环境当做天经地义的自觉行动，没有人会向自己的海洋排污，海洋污染不再成为社会的负担，我们关于海洋环境保护的梦想就会真正地实现。那时候，我们的孩子们读到这本书就会问：我们的祖辈为什么要设计这样一个复杂的监测系统，那是一个多么没有必要的智力投入和多此一举的行为。我们会告诉他们，他们的祖辈有这样一个牺牲环境发展经济的时期，而在这个时期，"通量监测、区域治理"这样一个将监测与治理统一的系统阻止了环境的恶化，保障了社会与环境的健康发展，换来了人们更好的环境意识。这就是国家的期待和我们的愿望。

赵进平、关道明
2013 年 3 月 24 日

鸣　谢

感谢山东省政府泰山学者计划对本项研究工作的支持和指导。

感谢国家海洋技术中心罗晓玲研究员对本书的全部内容提出建设性意见。

感谢河海大学左军成教授对本书中潮汐与潮汐余流的作用提出宝贵意见。

感谢山东仪器仪表研究所刘孟德、张涛、李珉等专家对海洋浮标技术方面的问题提供重要的建议。

感谢曹勇博士整理了本书的全部参考文献。

本书第4.12和4.13节的内容引自《海洋高技术进展》，在此对该报告的作者允许我们引用他们的报告内容表示衷心的感谢。

作者简介

赵进平，男，1954 年生，理学博士，中国海洋大学二级教授，博士

生导师，国际海洋物理科学协会中国委员会主席，山东省泰山学者，曾任国家 863 计划海洋监测技术主题专家组组长。他在 7 年的专家组工作期间（1999—2005），深入思考了我国海洋监测面对的问题，与专家组同仁一道，认真推动我国海洋

监测技术发展战略的确立和实施，在高技术发展目标的顶层设计、项目的立项与实施、项目发展期间的过程管理、集成系统的设计与推动等方面做出了不懈的努力，著有《发展海洋监测技术的思考与实践》、《海洋监测仪器设备成果标准化》等书。专家组卓有成效的工作得到科技部 863 计划总体专家组和部领导的高度评价，并得到广大科技人员的一致好评。他现在虽然主要从事北极科学研究，但其对国家近海海洋环境问题的责任感和使命感仍然促使他重新执笔撰写本书，为推动海洋污染治理中的科技进步建言。

关道明，男，1960 年出生，1991 年获法国巴黎居里大学博士学位。现任国家海洋环境监测中心暨国家海洋局海洋环境保护研究所主任、所长，研究员，博士生导师。"十一五"和"十二五"期间任国家 863 计划海洋领域专家。长期从事海洋

环境科学和海洋环境监测技术研究工作，特别致力于两性金属在河口的生物地球化学循环过程、污染物的生物效应监测技术、海洋环境质量与生态健康评价等领域的研究工作。曾主持国家科技部、国家计委、财政部、教育部（归国博士基金）、国家海洋局等重大项目 30 余项。